"十四五"职业教育国家规划教材

职业教育课程改革创新规划教材·入门教材系列

电子电路识图

主　编　韩雪涛

副主编　韩广兴　吴　瑛

U0303680

电子工业出版社

Publishing House of Electronics Industry

北京·BEIJING

内 容 简 介

本书根据电子电工领域的技术特色和实际岗位需求作为编写目标，结合读者的学习习惯和学习特点，将电子电路识图技能通过项目模块的方式进行合理划分，注重学生技能的锻炼。

全书共分 9 大项目模块，在每个项目模块中，根据岗位就业的实际需求，结合电子电路识图的技术特点和技能应用，又细分出多个任务模块，每个任务模块由若干个"新知讲解"或"技能训练"子项目模块构成。这些子项目模块注重理论与实践的结合，涵盖实际工作中的重要知识与技能，以项目为引导，通过任务驱动，让学习者自主完成学习和训练。

全书内容涵盖了国家职业资格认证考核的内容，适用于"双证书"教学与实践。

本书可以作为电子电工专业技能培训的辅导教材，也可作为各职业技术院校电工电子专业的实训教材，同时也适合从事电工电子行业生产、调试、维修的技术人员和业余爱好者阅读。

图书在版编目（CIP）数据

电子电路识图 / 韩雪涛主编. —北京：电子工业出版社，2017.6
职业教育课程改革创新规划教材. 入门教程系列

ISBN 978-7-121-31755-2

Ⅰ. ①电… Ⅱ. ①韩… Ⅲ. ①电子电路—识图—职业教育—教材 Ⅳ. ①TN710

中国版本图书馆 CIP 数据核字（2017）第 124088 号

策划编辑：白　楠
责任编辑：白　楠
印　　刷：北京盛通数码印刷有限公司
装　　订：北京盛通数码印刷有限公司
出版发行：电子工业出版社
　　　　　北京市海淀区万寿路 173 信箱　邮编　100036
开　　本：787×1 092　1/16　印张：12.5　字数：320 千字
版　　次：2017 年 6 月第 1 版
印　　次：2024 年 9 月第 12 次印刷
定　　价：29.00 元

凡所购买电子工业出版社图书有缺损问题，请向购买书店调换。若书店售缺，请与本社发行部联系，联系及邮购电话：（010）88254888，88258888。

质量投诉请发邮件至 zlts@phei.com.cn，盗版侵权举报请发邮件至 dbqq@phei.com.cn。

本书咨询联系方式：（010）88254592，bain@phei.com.cn。

前　　言

在中国共产党第二十次全国代表大会的报告中指出,坚持把发展经济的着力点放在实体经济上,推进新型工业化,加快建设制造强国、质量强国、航天强国、交通强国、网络强国、数字中国。实施产业基础再造工程和重大技术装备攻关工程,支持专精特新企业发展,推动制造业高端化、智能化、绿色化发展。电子技术与电气技术是推进工业化和发展制造业的基础性专业。

在电子电气的研发、生产、制造、调试以及维修等领域,电子电路的识图技能是非常基础的一项技能。无论是产品的设计、研发,还是后期的生产、维修都需要具备良好的电子电路的识图能力。例如,我们可以通过电路图了解电子产品的构造和工作过程,电子产品生产制造人员会依据电路图完成产品的生产、装配;调试服务人员会依据电路图完成电子产品的调整、测试;售后维修人员则会通过电路图搞清电子产品的工作原理,找出故障线索,指导维修工作。可以说,电子领域的任何工作都需要和电路图打交道。

特别是随着科技的进步,新技术、新产品、新工艺、新材料的不断问世,使得家电、计算机外围设备、数码产品、手机及通信设备等电子产品的功能越来越智能,电路结构也越来越复杂,社会对电子产品生产、制造、售后维修等一系列岗位的人才需求提出了更高的要求。培养具备专业素质的技能型人才成为各职业院校电子技术类专业的重要责任。

这其中,电子电路识图技能始终是一项非常基础且非常重要的专项技能。

本书作为教授电子电路识图的专业培训教材。为应对目前知识技能更新变化快的特点,本书从内容的选取上进行了充分的准备和认真的筛选,尽可能以目前社会上的岗位需求做为图书培训的目标,力求能够让读者从图书中学到实用、有用的东西。因此本书中所选取的内容均来源于实际的工作。这样,读者从书中可以直接学习工作中的实际案例,非常有针对性,确保学习完本书就能够应对实际的工作。

本书最大的特点就是强调技能学习的实用性、便捷性和时效性。在表现形式上充分体现"图解"特色,即根据所表达知识技能的特点,分别采用"图解"、"图表"、"实物照片"、"文字表述"等多种表现形式,力求用最恰当的形式展示知识技能。

本书在内容和编排上下了很大的功夫,首先在内容的选取方面,图书结合国家职业资格认证、数码维修工程师考核认证的专业考核规范,对电子电路识图所需要的相关知识和技能进行整理,并将其融入到实际的应用案例中,力求让读者能够学到有用的东西,能够学以致用。

在结构编排上,图书采用项目式教学理念,以项目为引导,通过任务驱动完成学习和训练。图书根据行业特点将电子电路识图中的实用知识技能进行归纳,结合岗位特征进行项目模块的划分,然后在项目模块中设置任务驱动,让学习者在学习中实践,在实践中锻炼,在案例中丰富实践经验。

在内容选取上,保证知识为技能服务的原则,知识的选取以实用、够用为原则,技能的实训则重点注重行业特点和岗位特色。

为了达到良好的学习效果,图书在表现形式方面更加多样。图书设置有【图文讲解】、【提示】、【资料链接】以及【图解演示】四个模块。知识技能根据其技术难度和特色选择恰当的体现方式,同时将"图解"、"图表"、"图注"等多种表现形式融入到了知识技能的讲解中,更加生动、形象。

在编写力量上，本书依托数码维修工程师鉴定指导中心组织编写，参加编写的人员均参与过国家职业资格标准及数码维修工程师认证资格的制定和试题库开发等工作，对电工电子的相关行业标准非常熟悉。并且在图书编写方面都有非常丰富的经验。此外，本书的编写还吸纳了行业各领域的专家技师参与，确保本书的正确性和权威性。

参加本书编写工作的有：韩雪涛、韩广兴、吴瑛、梁明、宋明芳、张丽梅、王丹、王露君、张湘萍、韩雪冬、吴玮、唐秀鸾、吴鹏飞、高瑞征、吴惠英、王新霞、周洋、周文静等。

为了更好地满足读者的需求，达到最佳的学习效果，读者除了可以通过书中留下专门的技术咨询电话和通信地址获得专业技术咨询外，还可登录天津涛涛多媒体技术公司与中国电子学会联合打造的技术服务网站（www.chinadse.org）获得技术服务。随时了解最新的行业信息，获得大量的视频教学资源、电路图纸、技术手册等学习资料以及最新的行业培训信息，实现远程在线视频学习，还可以通过网站的技术论坛进行交流与咨询。

学员可通过学习与实践还可参加相关资质的国家职业资格或工程师资格认证，可获得相应等级的国家职业资格或数码维修工程师资格证书。如果读者在学习和考核认证方面有什么问题，可通过以下方式与我们联系。

数码维修工程师鉴定指导中心

网址：http://www.chinadse.org
联系电话：022-83718162/83715667/13114807267
E-MAIL:chinadse@163.com
地址：天津市南开区榕苑路 4 号天发科技园 8-1-401，
邮编：300384

编　者

目　　录

项目一　电子电路识图必备的知识 ·· 1

　任务模块 1.1　电子电路常用的文字符号 ···························· 1
　　新知讲解 1.1.1　文字符号的类型 ·································· 1
　　新知讲解 1.1.2　文字符号的选用 ·································· 9
　　新知讲解 1.1.3　电子仪表常用文字符号 ···························· 10
　任务模块 1.2　电子电路常用的图形符号 ···························· 11
　　新知讲解 1.2.1　图形符号的基本概念 ······························ 11
　　新知讲解 1.2.2　电子电路图常用图形符号 ·························· 13
　任务模块 1.3　接线端子与特定导线的标记代号 ························ 17
　　新知讲解 1.3.1　标记代号 ·· 17
　　新知讲解 1.3.2　颜色标记的代号 ·································· 18
　任务模块 1.4　电子电路图的类型与特点 ···························· 19
　　新知讲解 1.4.1　线路与电路的基本概念 ···························· 19
　　新知讲解 1.4.2　电子电路图的分类 ································ 20
　任务模块 1.5　电子电路图的组成与识读技巧 ························ 22
　　新知讲解 1.5.1　电子电路图的组成 ································ 22
　　新知讲解 1.5.2　识读电子电路图须知 ······························ 23
　　新知讲解 1.5.3　快速识读电子电路图的基本方法 ···················· 24
　　新知讲解 1.5.4　快速识读电子电路图的基本步骤 ···················· 26

项目二　基本电子元器件的电路对应关系 ···························· 31

　任务模块 2.1　电阻器的电路对应关系 ······························ 31
　　新知讲解 2.1.1　认识电阻器 ······································ 31
　　技能训练 2.1.2　电阻器的电路标识方法 ···························· 36
　任务模块 2.2　电容器的电路对应关系 ······························ 38
　　新知讲解 2.2.1　认识电容器 ······································ 38
　　技能训练 2.2.2　电容器的电路标识方法 ···························· 43
　任务模块 2.3　电感元件的电路对应关系 ···························· 45
　　新知讲解 2.3.1　认识电感元件 ···································· 45
　　技能训练 2.3.2　电感元件的电路标识方法 ·························· 49

项目三　基本半导体器件的电路对应关系 ···························· 51

　任务模块 3.1　二极管的电路对应关系 ······························ 51

新知讲解 3.1.1　认识二极管 ………………………………………………………… 51
技能训练 3.1.2　二极管的电路标识方法 ……………………………………………… 55
任务模块 3.2　三极管的电路对应关系 …………………………………………………… 57
新知讲解 3.2.1　认识三极管 ………………………………………………………… 57
技能训练 3.2.2　三极管的电路标识方法 ……………………………………………… 60
任务模块 3.3　场效应管的电路对应关系 ………………………………………………… 61
新知讲解 3.3.1　认识场效应管 ……………………………………………………… 62
技能训练 3.3.2　场效应管的电路标识方法 …………………………………………… 63
任务模块 3.4　晶闸管的电路对应关系 …………………………………………………… 65
新知讲解 3.4.1　认识晶闸管 ………………………………………………………… 65
技能训练 3.4.2　晶闸管的电路标识方法 ……………………………………………… 68
任务模块 3.5　集成电路的电路对应关系 ………………………………………………… 69
新知讲解 3.5.1　认识集成电路 ……………………………………………………… 69
技能训练 3.5.2　集成电路的电路标识方法 …………………………………………… 71

项目四　常用电气部件的电路对应关系 ……………………………………………………… 74
任务模块 4.1　按键、开关的电路对应关系 ……………………………………………… 74
新知讲解 4.1.1　认识按键、开关 …………………………………………………… 74
技能训练 4.1.2　按键、开关的电路标识方法 ………………………………………… 77
任务模块 4.2　电动机的电路对应关系 …………………………………………………… 79
新知讲解 4.2.1　认识电动机 ………………………………………………………… 79
技能训练 4.2.2　电动机的电路标识方法 ……………………………………………… 82
任务模块 4.3　变压器的电路对应关系 …………………………………………………… 84
新知讲解 4.3.1　认识变压器 ………………………………………………………… 84
技能训练 4.3.2　变压器的电路标识方法 ……………………………………………… 89
任务模块 4.4　电位器的电路对应关系 …………………………………………………… 90
新知讲解 4.4.1　认识电位器 ………………………………………………………… 90
技能训练 4.4.2　电位器的电路标识方法 ……………………………………………… 92

项目五　简单电路的识读方法 ………………………………………………………………… 95
任务模块 5.1　简单 RC 电路的识读方法 ………………………………………………… 95
新知讲解 5.1.1　简单 RC 电路的特征 ……………………………………………… 95
技能训练 5.1.2　简单 RC 电路的识读 ……………………………………………… 101
任务模块 5.2　简单 LC 电路的识读方法 ………………………………………………… 103
新知讲解 5.2.1　简单 LC 电路的特征 ……………………………………………… 103
技能训练 5.2.2　简单 LC 电路的识读 ……………………………………………… 110

项目六　基本放大电路的识读方法 …………………………………………………………… 113
任务模块 6.1　共射极放大电路的识读分析 ……………………………………………… 113

新知讲解 6.1.1　共射极放大电路的特征 ……………………………………113
技能训练 6.1.2　共射极放大电路的识读 ……………………………………116
任务模块 6.2　共基极放大电路的识读分析 ……………………………………117
新知讲解 6.2.1　共基极放大电路的特征 ……………………………………117
技能训练 6.2.2　共基极放大电路的识读 ……………………………………118
任务模块 6.3　共集电极放大电路的识读分析 ……………………………………120
新知讲解 6.3.1　共集电极放大电路的特征 ……………………………………120
技能训练 6.3.2　共集电极放大电路的识读 ……………………………………122

项目七　基本单元电路识图方法与技巧 ……………………………………………123

任务模块 7.1　整流滤波电路的识图方法与技巧 ……………………………………123
新知讲解 7.1.1　整流滤波电路的特点 ……………………………………123
技能训练 7.1.2　整流滤波电路的识图分析 ……………………………………126
任务模块 7.2　电源稳压电路的识图方法和技巧 ……………………………………127
新知讲解 7.2.1　电源稳压电路的特点 ……………………………………127
技能训练 7.2.2　电源稳压电路的识图分析 ……………………………………129
任务模块 7.3　基本触发电路的识图方法和技巧 ……………………………………130
新知讲解 7.3.1　基本触发电路的特点 ……………………………………131
技能训练 7.3.2　基本触发电路的识图分析 ……………………………………135
任务模块 7.4　基本运算放大电路的识图方法和技巧 ……………………………………137
新知讲解 7.4.1　基本运算放大电路的特点 ……………………………………137
技能训练 7.4.2　基本运算放大电路的识图分析 ……………………………………141
任务模块 7.5　遥控电路的识图方法和技巧 ……………………………………142
新知讲解 7.5.1　遥控电路的特点 ……………………………………142
技能训练 7.5.2　遥控电路的识图分析 ……………………………………144
任务模块 7.6　音频电路的识图方法和技巧 ……………………………………146
新知讲解 7.6.1　音频电路的特点 ……………………………………146
技能训练 7.6.2　音频电路的识图分析 ……………………………………146

项目八　小家电实用电路识图技能 ……………………………………………147

任务模块 8.1　电饭煲实用电路识图 ……………………………………147
新知讲解 8.1.1　电饭煲实用电路组成 ……………………………………147
技能训练 8.1.2　电饭煲实用电路识图分析 ……………………………………149
任务模块 8.2　微波炉实用电路识图 ……………………………………153
新知讲解 8.2.1　微波炉实用电路组成 ……………………………………154
技能训练 8.2.2　微波炉实用电路识图分析 ……………………………………157
任务模块 8.3　电磁炉实用电路识图 ……………………………………159
新知讲解 8.3.1　电磁炉实用电路组成 ……………………………………159
技能训练 8.3.2　电磁炉实用电路识图分析 ……………………………………161

新知讲解 9.1.1　影碟机电路的特点及识图技巧 ·· 166

技能训练 9.1.2　影碟机电路的识读分析案例 ··· 169

任务模块 9.2　彩色电视机电路的识读技巧 ·· 173

新知讲解 9.2.1　彩色电视机电路的特点及识图技巧 ·· 173

技能训练 9.2.2　彩色电视机电路的识读分析案例 ··· 176

任务模块 9.3　平板电视机电路的识读技巧 ·· 182

新知讲解 9.3.1　平板电视机电路的特点及识图技巧 ·· 182

技能训练 9.3.2　平板电视机电路的识读分析案例 ··· 186

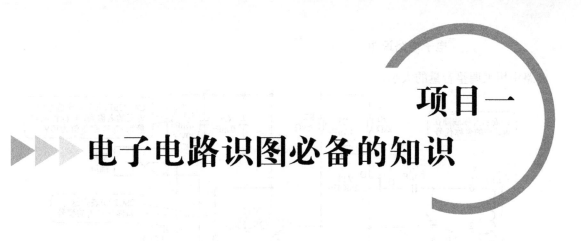

项目一
电子电路识图必备的知识

电子电路图是将各种电子元器件的图形符号，通过连线和电路标识连接组合在一起，以表达电子产品的结构特点和控制关系的一种技术资料，因此电路图中的符号和标记必须有统一的标准。这些电路符号或标记中包含了很多的识图信息，掌握这些识图信息能够方便对其在电路中的作用进行分析和判断，也是学习电子电路识图的必备基础知识。

任务模块 1.1　电子电路常用的文字符号

文字符号是电子电路图中常用的一种字符代码，一般标注在电路中的电子元器件、连接线路等的附近，以标识其名称、参数、状态或特征等。

新知讲解 1.1.1　文字符号的类型

在电子电路图中常见的文字符号一般可分为基本文字符号、辅助文字符号、字母+数字代码组合符号和专用文字符号。文字符号可以用单一的字母代码或数字代码来表示，也可以用字母与数字组合的方式来表示。

【图文讲解】

例如，图 1-1 所示为小型收音机的电子电路图。从图中可以看到，除了一些线、框构成的符号外，图中示出了很多文字标识，这些标识信息用于说明其对应图形符号的一些基本信息。

【资料链接】

图 1-1 中，天线线圈用字符 L1 标出，在电路中用于感应电磁波接收无线电广播的信号；单联可变电路用字符 TC1 标出，在电路中与天线线圈 L1 构成谐振电路，用以选择电台进行调谐；场效应管用字符 VT1 标出，在电路中用来放大天线线圈接收的高频信号；去耦电容用字符 C2 标出，在电路中与源极电阻并联起去耦作用，以提高 VT1 交频放大增益；耦合电容用字符 C3 标出，在电路中用来传输交流信号；晶体三极管用字符 VT2 标出，在电路中用作检波和放大的作用，用以输出音频信号；音量调整电位器用字符 RP1 标出，在电

路中用来调整音量的大小。

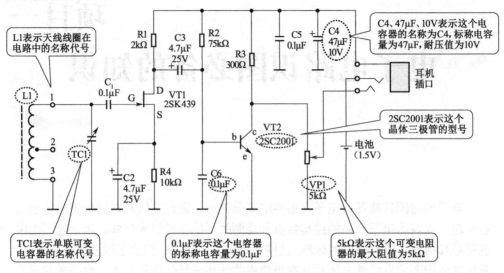

图 1-1　小型收音机的电子电路图

1. 基本文字符号

基本文字符号用以表示电子元器件、功能部件、设备以及线路的种类名称和特性。

【图文讲解】

图 1-2 所示为一种典型电子电路图，从图中可以看到多种基本文字符号。

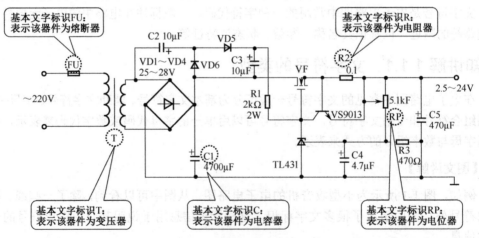

图 1-2　电子电路图中的基本文字符号

　　基本文字符号一般分为单字母符号和双字母符号。其中，单字母符号是按拉丁字母将各种电子元器件、功能部件划分为 23 个大类，每大类用一个大写字母表示。如"R"表示电阻器类，"T"表示变压器类，在电子电路中，单字母优先选用。

　　双字母符号由一个表示种类的单字母符号与另一个字母组成。通常以单字母符号在前，另一个字母在后的组合形式。如"F"表示保护器件类，"FU"表示熔断器；"R"表示电阻类器件，"RP"表示电位器（一种可变电阻器），"P"为电位器的英文名称（Potentiometer）的首字母。

【资料链接】

为了便于识图，我们将电子电路中常见的基本文字符号进行归纳整理，具体如表 1-1
所列。

表 1-1　电气电路中的基本文字符号

序号	种类	字母符号		对应中文名称
		单字母	双字母或多字母	
1	组件 部件	A	—	分立元件放大器
			—	激光器
			—	调节器
			AB	电桥
			AD	晶体管放大器
			AF	频率调节器
			AG	给定积分器
			AJ	集成电路放大器
			AM	磁放大器
			AV	电子管放大器
			AP	印制电路板、脉冲放大器
			AT	抽屉柜、触发器
			ATR	转矩调节器
			AR	支架盘、电动机扩大机
			AVR	电压调节器
2	变换器 （从非电量到电量或 从电量到非电量）	B	—	热电传感器、热电池、光电池、测功计、晶体 转换器
			—	送话器
			—	拾音器
			—	扬声器
			—	耳机
			—	自整角机
			—	旋转变压器
			—	模拟和多级数字
			—	变换器或传感器
			BC	电流变换器
			BO	光电耦合器
			BP	压力变换器
			BPF	触发器
			BQ	位置变换器
			BR	旋转变换器
			BT	温度变换器
			BU	电压变换器
			BUF	电压—频率变换器
			BV	速度变换器

序号	种类	字母符号		对应中文名称
		单字母	双字母或多字母	
3	电容器	C	—	电容器
			CD	电流微分环节
			CH	斩波器
4	二进制单元 延迟器件 存储器件	D	—	数字集成电路和器件、延迟线、双稳态元件、单稳态元件、磁芯存储器、寄存器、磁带记录机、盘式记录机、光器件、热器件
			DA	与门
			D（A）N	与非门
			DN	非门
			DO	或门
			DPS	数字信号处理器
5	杂项	E	—	本表其他地方未提及的元件
			EH	发热器件
			EL	照明灯
			EV	空气调节器
6	保护器件	F	—	过电压放电器件、避雷器
			FA	具有瞬时动作的限流保护器件
			FB	反馈环节
			FF	快速熔断器
			FR	具有延时动作的限流保护器件
			FS	具有延时和瞬时动作的限流保护器件
			FU	熔断器
			FV	限压保护器件
7	发电机电源	G	—	旋转发电机、振荡器
			GS	发生器、同步发电机
			GA	异步发电机
			GB	蓄电池
			GF	旋转式或固定式变频机、函数发生器
			GD	驱动器
			G-M	发电机—电动机组
			GT	触发器（装置）
8	信号器件	H	—	信号器件
			HA	声响指示器
			HL	激光指示器、指示灯
			HR	热脱扣器
9	继电器、接触器	K	—	继电器
			KA	瞬时接触继电器、瞬时有或无继电器、交流接触器、电流继电器
			KC	控制继电器
			KG	气体继电器

续表

序号	种类	字母符号		对应中文名称
		单字母	双字母或多字母	
9	继电器、接触器	K	KL	闭锁接触继电器、双稳态继电器
			KM	接触器、中间继电器
			KMF	正向接触器
			KMR	反向接触器
			KP	极化继电器、簧片继电器、功率继电器
			KT	延时有或无继电器、时间继电器
			KTP	温度继电器、跳闸继电器
			KR	逆流继电器
			KVC	欠电流继电器
			KVV	欠电压继电器
10	电感器 电抗器	L	—	感应线圈、线路陷波器，电抗器（并联和串联）
			LA	桥臂电抗器
			LB	平衡电抗器
11	电动机	M	—	电动机
			MC	笼型电动机
			MD	直流电动机
			MS	同步电动机
			MG	可做发电机或电动用的电动机
			MT	力矩电动机
			MW（R）	绕线转子电动机
12	模拟集成电路	N		运算放大器、模拟/数字混合器件
13	测量设备 试验设备	P	—	指示器件、记录器件、计算测量器件、信号发生器
			PA	电流表
			PC	（脉冲）计数器
			PJ	电度表（电能表）
			PLC	可编程控制器
			PRC	环型计数器
			PS	记录仪器、信号发生器
			PT	时钟、操作时间表
			PV	电压表
			PWM	脉冲调制器
14	电力电路的开关	Q	QF	继电器
			QK	刀开关
			QL	负荷开关
			QM	电动机保护开关
			QS	隔离开关

续表

序号	种类	字母符号		对应中文名称
		单字母	双字母或多字母	
15	电阻器	R	—	电阻器
			—	变阻器
			RP	电位器
			RS	测量分路表
			RT	热敏电阻器
			RV	压敏电阻器
16	控制电路的开关选择器	S	—	拨号接触器、连接极
			SA	控制开关、选择开关、电子模拟开关
			SB	按钮开关、停止按钮
			—	机电式有或无传感器
			SL	液体标高传感器
			SM	主令开关、伺服电动机
			SP	压力传感器
			SQ	位置传感器
			SR	转数传感器
			ST	温度传感器
17	变压器	T	TA	电流互感器
			TAN	零序电流互感器
			TC	控制电路电源用变压器
			TI	逆变变压器
			TM	电力变压器
			TP	脉冲变压器
			TR	整流变压器
			TS	磁稳压器
			TU	自耦变压器
			TV	电压互感器
18	调制器 变换器	U	—	鉴频器、编码器、交流器、电报译码器
			UR	变流器、整流器
			UI	逆变器
			UPW	脉冲调制器
			UD	解调器
			UF	变频器
19	电真空器件 半导体器件	V	—	气体放电管、二极管、晶体管、晶闸管
			VC	控制电路用电源的整流器
			VD	二极管
			VE	电子管

续表

序号	种类	字母符号		对应中文名称
		单字母	双字母或多字母	
			VZ	稳压管
			VT	三极管、场效应晶体管
			—	晶闸管
			VTO	门极关断晶闸管
20	传输通道 波导、天线	W	—	导线、电缆、波导、波导定向耦合器、偶极天线、抛物面天线
			WB	母线
			WF	闪光信号小母线
21	端子 插头 插座	X	—	连接插头和插座、接线柱、电缆封端和接头、焊接端子板
			XB	连接片
			XJ	测试塞孔
			XP	插头
			XS	插座
			XT	端子板
22	电气操作的机械装置	Y	—	气阀
			YA	电磁铁
			YB	电磁制动器
			YC	电磁离合器
			YH	电磁吸盘
			YM	电动阀
			YV	电磁阀
23	终端设备 混合变压器 滤波器 均衡器 限幅器	Z	—	电缆平衡网络、压缩扩展器、晶体滤波器、网络

2. 辅助文字符号

根据前面描述我们了解到了，电子元器件、功能部件、设备以及线路的种类名称和特性用基本文字符号表示，而它们的功能、状态和特征则用辅助文字符号表示。

【图文讲解】

例如，图 1-3 所示为一种电吹风机的电路图，从图中可以看到不同的辅助文字标识。

辅助文字符号通常用表示功能、状态和特征的英文单词的前一、二位字母构成，也可采用常用缩略语或约定俗成的习惯用法构成，一般不能超过三位字母。如"OFF"表示关闭，"ON"表示闭合。

某些辅助文字符号本身具有独立的、确切的意义，也可以单独使用。如"AC"表示交流电，"DC"表示直流电，"H"表示高，"L"表示低等。

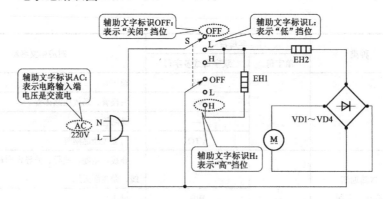

图 1-3　电吹风机电路图中的辅助文字标识

【资料链接】

为了便于识图，我们将电子电路中常见的辅助文字符号进行归纳整理，具体如表 1-2 所列。

表 1-2　电气电路中常用的辅助文字符号

序号	文字符号	名称	序号	符号	名称	序号	符号	名称
1	A	电流	25	F	快速	49	PU	不接地保护
2	A	模拟	26	FB	反馈	50	R	记录
3	AC	交流	27	FW	正，向前	51	R	右
4	A，AUT	自动	28	GN	绿	52	R	反
5	ACC	加速	29	H	高	53	RD	红
6	ADD	附加	30	IN	输入	54	R，RST	复位
7	ADJ	可调	31	INC	增	55	RES	备用
8	AUX	辅助	32	IND	感应	56	RUN	运转
9	ASY	异步	33	L	左	57	S	信号
10	B，BRK	制动	34	L	限制	58	ST	启动
11	BK	黑	35	L	低	59	S，SET	置位，定位
12	BL	蓝	36	LA	闭锁	60	SAT	饱和
13	BW	向后	37	M	主	61	STE	步进
14	C	控制	38	M	中	62	STP	停止
15	CW	顺时针	39	M	中间线	63	SYN	同步
16	CCW	逆时针	40	M，MAN	手动	64	T	温度
17	D	延时（延迟）	41	N	中性线	65	T	时间
18	D	差动	42	OFF	断开	66	TE	无噪声(防干扰)接地
19	D	数字	43	ON	闭合	67	V	真空
20	D	降	44	OUT	输出	68	V	速度
21	DC	直流	45	P	压力	69	V	电压
22	DEC	减	46	P	保护	70	WH	白
23	E	接地	47	PE	保护接地	71	YE	黄
24	EM	紧急	48	PEN	保护接地与中性线共用			

3. 字母+数字代码组合的文字符号

字母+数字代码是目前最常采用的一种文字符号，其中，字母表示了各种电气设备、装置和元器件的种类或功能，数字标识其对应的编号（序号）。

【图文讲解】

图 1-4 所示为一种简单剃须刀的电子电路图，图中各电子元件的名称采用字母+数字代码组合的文字符号进行标识。

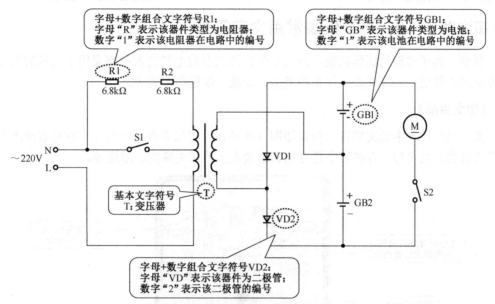

图 1-4 简单剃须刀电子电路图中的文字标识

将数字代码与字母符号组合起来使用，可说明同一类电气设备、元件的不同编号。如上述电路图中有两个相同类型的电阻器，则其文字符号分别为"R1、R2"。由此可知电子电路中，相同字母标识的器件为同一类器件，字母后面的数字表示该器件的编号。

另外，通常电路中字母后面数字的最大值表示该电路中该器件的个数。例如，上述电路中二极管"VD1、VD2"，数字编号最大值为"2"，由此可知该电路共有 2 个二极管。

新知讲解 1.1.2 文字符号的选用

根据上文，我们了解了文字符号的几种表现形式，在实际绘制电子电路图及相关的电气技术文件时，对于这几类符号的类型一般有一定的选用规则，掌握该规则对识读电子电路图也很有帮助。

（1）一般情况下优先选用基本文字符号、辅助文字符号以及它们的组合。

（2）在基本文字符号中，应优先选用单字母符号（如电容 C、电阻 R、电感 L 等）。只有当单字母符号不能满足要求时方可采用双字母符号（如电位器 RP、按钮开关 SB 等）。基本文字符号不能超过两位字母，辅助文字符号不能超过三位字母。

（3）当基本文字符号和辅助文字符号不够用时，可按有关电气名词术语国家标准或专业标准中规定的英文术语所写进行补充。

（4）文字符号可作为限定符号与其他图形符号组合使用，以派生出新的图形符号。

（5）文字符号不适于电气产品型号编制与命名。

（6）如果新国家标准 GB7159—1987《电气技术中的文字符号制定通则》中所列的基本文字符号和辅助文字符号不够使用，可以在遵循上述选用原则的基础上补充标准未列出的双字母符号和辅助文字符号。

需要注意的是，补充文字符号应按有关电气名词术语国家标准或专业标准中规定的英文术语缩写而成。另外，由于拉丁字母"I"、"O"易与数字"1"、"0"混淆，因此不允许用这两个字母作文字符号。

新知讲解 1.1.3　电子仪表常用文字符号

目前，为了实现与国际接轨，近几年生产的大多数电气仪表中都采用了大量的英文语句或单词，甚至是缩写来表示仪表的类型、功能、量程和性能等。

【图文讲解】

典型电气仪表中的文字符号标识如图 1-5 所示。可以看到，一些文字符号直接用于表示仪表的类型及名称，有些文字符号则表示仪表上的相关量程、用途等。

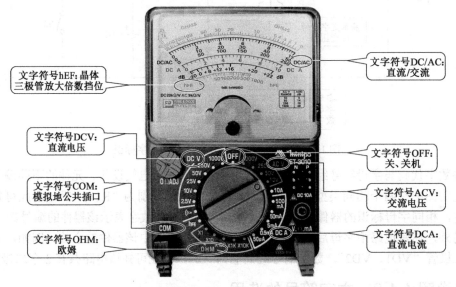

图 1-5　典型电气仪表中的文字符号标识

【资料链接】

为了便于识图，我们将电子电路中常用仪表名称及量程、用途等的文字符号进行归纳整理，具体如表 1-3、表 1-4 所示。

表 1-3　表示电气仪表类型及名称的文字符号

名称	文字符号	名称	文字符号
安培表（电流表）	A	频率表	Hz
毫安表	mA	波长表	λ
微安表	μA	功率因数表	$\cos\phi$
千安表	kA	相位表	ϕ

续表

名称	文字符号	名称	文字符号
安培小时表	Ah	欧姆表	Ω
伏特表（电压表）	V	兆欧表	MΩ
毫伏表	mV	转速表	n
千伏表	kV	小时表	h
瓦特表（功率表）	W	温度表（计）	θ（$t°$）
千瓦表	kW	极性表	±
乏表（无功功率表）	var	和量仪表（如电量和量表）	ΣA
电度表（瓦时表）	Wh		
乏时表	varh		

表 1-4 典型电气仪表上表示量程、用途的文字符号（万用表）

文字符号	含义	用途	备注
DCV	直流电压	直流电压测量	用 V 或 V-表示
DCA	直流电流	直流电流测量	用 A 或 A-表示
ACV	交流电压	交流电压测量	用 V 或 V~表示
OHM（OHMS）	欧姆	阻值的测量	用 Ω 或 R 表示
BATT	电池	用于检测表内电池电压	国产 7050、7001、7002、7005、7007 等指针万用表设有该量程
OFF	关、关机	关机	—
MDOEL	型号	该仪表的型号	—
HEF	晶体三极管直流电流放大倍数测量插孔与挡位		—
COM	模拟地公共插口		—
ON/OFF	开/关		—
HOLD	数据保持		—
MADE IN CHINA	中国制造		—

任务模块 1.2 电子电路常用的图形符号

图形符号是组成电子电路图的基本单元，就好比一篇文章中的"词汇"。因此我们在学习识读电路图前，首先要正确地了解、熟悉和识别这些符号的形式、内容、含义，以及它们之间的相互关系。

新知讲解 1.2.1 图形符号的基本概念

当我们看到一张电子电路图时，其所包含的不同元器件、装置、线路以及安装连接等，并不是这些物理部件的实际外形，而是由每种物理部件对应的图样或简图进行体现的，我们把这种"图样"和"简图"称为的图形符号。

【图文讲解】

例如，图 1-6 所示为一种典型电子产品的电子电路图，可以看到，除了文字符号外，整张电子电路图都是由各种线和"外形各异"的图形符号构成的，每个图形符号代表着电子产品中实际电路板上的一个电子元器件。

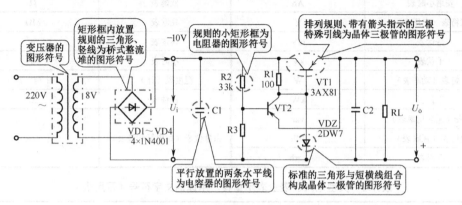

图1-6 一种典型电子产品的电子电路图

图1-6中，不同形状的图形符号分别代表特性的元器件和功能部件，通过识别这些图形符号便可了解该电子电路的基本结构组成，结合识别出的元器件或功能部件的功能特点、原理等，便可完成对电子电路图的识读。

在电子电路图中，图形符号通常是由符号要素、一般符号或限定符号组成的。

1. 符号要素

符号要素是指一种具有确定意义的简单图形，通常表示元件的轮廓或外壳。

【图文讲解】

常见的符号要素如图1-7所示，符号要素必须同其他图形符号组合使用。

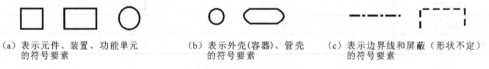

（a）表示元件、装置、功能单元的符号要素　（b）表示外壳(容器)、管壳的符号要素　（c）表示边界线和屏蔽（形状不定）的符号要素

图1-7 常见的符号要素及其含义

2. 基本图形符号

基本图形符号则是指用于表示该类产品或其特征的简单符号，一般可直接作为图形符号使用，也可与限定符号组合使用。

【图文讲解】

图1-8所示为一些常见的基本图形符号。

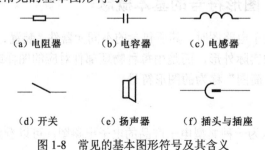

（a）电阻器　　（b）电容器　　（c）电感器

（d）开关　　　（e）扬声器　　（f）插头与插座

图1-8 常见的基本图形符号及其含义

3. 限定符号

限定符号是一种加在其他图形符号的符号，用来提供附加的信息，一般不能单独使用，必须与其他符号组合使用，构成完整的图形符号。

【图文讲解】

例如，在电阻器的基本图形符号上，分别加上不同的限定符号，则可以得到可变电阻器、热敏电阻器、光敏电阻器等多种图形符号，如图1-9所示。

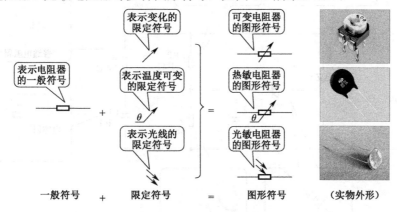

图1-9　限定符号的典型应用

【资料链接】

几种常用的限定符号如表1-5所示。

表1-5　几种常用的限定符号

名称	限定符号	名称	限定符号	名称	限定符号
触点功能	⌒	负荷开闭功能	↺	延迟动功能	⊃=或⋶
隔离功能	—	自动脱扣功能	■	自动复位功能	◁
断路功能	×	位置开关功能	Ɣ	非自动复位功能	○

【提示】

我们常见的电子电路图中的图形符号通常是一种组合形式，通常是由限定符号与基本图形符号组合，或符号要素与基本图形符号，或两个或两个以上的基本图形符号组合而成的。

新知讲解 1.2.2　电子电路图常用图形符号

根据我国2005发布的《电气简图用图形符号》标准中，各种图形符号多达1400多个，这里我们总结和归纳了一些电子电路图中一些基本的和较常用的图形符号，如电子元器件的图形符号、功能部件的图形符号，下面分类进行介绍。

1. 认识电子电路图中常用电子元器件的图形符号

电子元器件是构成电子电路最基本的电子器件，在电路中常见的电子元器件有很多种，且每种电子元器件都用其自己的图形符号进行标识。

【图文讲解】

例如,图 1-10 所示为典型的光控照明电路,根据识读图中电子元器件的图形符号含义,可建立起与实物电子元器件的对应关系,这也是学习识图过程的第一步。

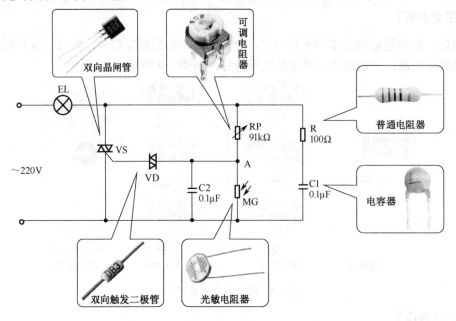

图 1-10 典型光控照明电路实用电路实例

① "⚡" 图形符号在电路中表示双向晶闸管,用字母"VS"标识,在电路中用于调节电压、电流或用做交流无触点开关,具有一旦导通,即使失去触发电压,也能继续保持导通状态。

② "⚡"图形符号在电路中表示双向触发二极管,用字母"VD"标识,在电路中常用来触发双向晶闸管,或用于过压保护、定时等。

③ "⚡"或"⚡"图形符号在电路中表示可调电阻器(可变电阻器),用字母"RP"标识,在电路中可用于通过调整其阻值改变电路中的相关参数。

④ "⚡"图形符号在电路中表示光敏电阻,用字母"MG"标识,在电路中用于将感测的光信号转换为电信号,并被电路所识别。

⑤ "⚡"图形符号在电路中表示普通电阻器,用字母"R"标识,在电路中起到限流、降压等作用。

⑥ "⊣⊢"图形符号在电路中表示普通电容器,用字母"C"标识,它是一种电能储存元件,在电路中起到滤波等作用,且具有允许交流通过,阻值直流电流通过的特性。

电子电路中常用电子元器件主要有电阻器、电容器、电感器、二极管、晶体三极管、场效应晶体管和晶闸管等,其对应的图形符号如表 1-6 所示。

表 1-6　电子电路中常用电子元器件的图形符号

类型	名称和图形符号
电阻器	**R** 普通电阻器　　**R** 熔断电阻器　　**FU** 熔断器　　**RP** **RP** 可变电阻器或电位器 **R或MG** 光敏电阻器　　**R或MZ、MF** 热敏电阻器　　**R或MY** 压敏电阻器　　**R或MS** 湿敏电阻器　　**R或MQ** 气敏电阻器
电容器	**C** 普通电容器　　**C** 电解电容器　　**C** 微调电容器　　**C** 单联可调电容器　　**C** 双联可调电容器
电感器	**L** 普通电感器　　**L** 带磁芯的电感器　　**L** 可调电感器　　**L** 带抽头的电感器
二极管	**VD** 普通二极管　　**LED** 发光二极管　　**VD** 光敏二极管和光电二极管　　**VZ** 单向击穿二极管（稳压二极管）　　**VD** 变容二极管　　**VZ** 双向击穿二极管（双向稳压管）　　**VD** 双向二极管　　**VD** 热敏二极管
晶体三极管	**VT** NPN晶体三极管　　**VT** PNP晶体三极管　　**VT** 光敏晶体管　　IGBT管
场效应晶体管	**V** N沟道结型场效应晶体管　　**V** P沟道结型场效应晶体管　　**V** N沟道增强型场效应晶体管　　**V** P沟道增强型场效应晶体管　　**V** N沟道耗尽型场效应晶体管　　**V** P沟道耗尽型场效应晶体管　　**V** 耗尽型双栅P沟道场效应晶体管
双极晶体管 IGBT	双极晶体管（IGBT管） 增强型、P型沟道绝缘栅双极晶体管　　增强型、N型沟道绝缘栅双极晶体管　　耗尽型P型沟道绝缘栅双极晶体管　　耗尽型、P型沟道绝缘栅双极晶体管
晶闸管	**V** 阳极A 控制极G 阴极K 阳极侧受控单向晶闸管　　**V** 阳极A 控制极G 阴极K 阴极侧受控单向晶闸管　　**V** 阳极A 控制极G 阴极K 可关断晶闸管（阳极受控）　　**V** 阳极A 控制极G 阴极K 可关断晶闸管（阴极受控）　　**V** 第二电极T2 控制极G 第一电极T1 双向晶闸管

2. 认识电子电路图中常用功能部件的图形符号

在识读电子电路图过程中，还常常会遇到各种各样的功能部件的图形符号，用于标识其所代表的物理部件，例如各种电声器件、灯控或电控开关、信号器件、电动机、普通变压器等，学习识图时，需要首先认识这些功能部件的图形符号，否则电路将无法理解。

【图文讲解】

图 1-11 为一个简单的电吹风机的电子电路图，从图可以看到除了基本电子元件外，电

动机、加热器等功能部件的图形符号。

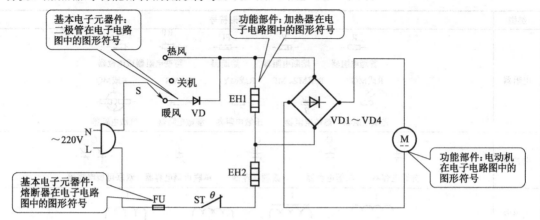

图 1-11　电吹风机电路图中的功能部件图形符号标识

表 1-7 所列为电子电路图中常用功能部件的图形符号。

表 1-7　电子电路图中常用功能部件的图形符号

类型	名称和图形符号							
电声器件	照明灯	指示灯	闪光灯	电喇叭	电铃	蜂鸣器	报警器	电动气笛　扬声器
灯控或电控开关	电源插座	开关	带指示灯的开关	双极开关	拉线开关	定时开关	传声器（声控开关中用）	触摸金属片（触摸开关用）
电动机	电动机的一般符号	直流电动机的一般符号	步进电动机的一般符号	直流并励电动机	直流串励电动机	三相鼠笼式感应电动机	单相同步电动机	
普通变压器	变压器的一般符号	双绕组变压器		三绕组变压器		单相自耦变压器		
其他	加热器（加热丝）	指示灯	定时器	压缩机	风扇	话筒	听筒	
	两电极压电晶体	三电极压电晶体	光电耦合器		电池	电池组		

3. 认识电子电路图中其他常用的图形符号

除了上述四种常见的电子元器件及功能部件的图形符号外，在电工电路中还常常绘制具有专门含义的图形符号，认识这些符号对于快速和准确理解电路图十分必要。

【图文讲解】

例如，图 1-12 为一种典型豆浆机的电子电路图，从图可以看到除了基本电子元件外，交流供电、接地、交流连接的线路等图形符号。

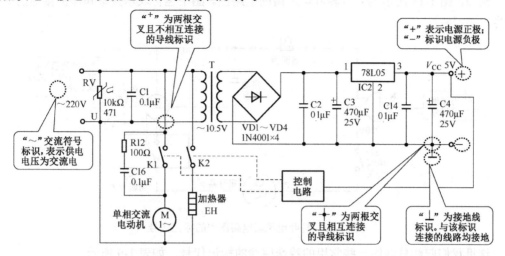

图 1-12　豆浆机电路图中的图形符号标识

表 1-8 为电子电路图中几种其他常用的图形符号。

图 1-8　电子电路图中其他常用的图形符号

类型	名称和图形符号					
导线和连接	软连接线	屏蔽导线	同轴电缆	端子　连接点	导线的连接　导线的不连接	插头和插座
交直流	直流	交流	交直流	具有交流分量的整流电路	电源正极	电源负极
仪器仪表	仪器仪表一般符号	电流表	电压表	功率表	检流计	电度表
接地	⊥或 ↓					
箭头和信号输入输出标识	力或电流等按箭头方向传送	信号输出端		信号输入端	信号输入输出端	

任务模块 1.3　接线端子与特定导线的标记代号

在电子电路图中，为了清楚地表示接线端子和特定导线的类型或用途，通常也采用标记代号表示。

新知讲解 1.3.1　标记代号

在电气图中，一些具有特殊用途的接线端子、导线等通常采用一些专用的标记代号进行标识。

【图文讲解】

例如，图 1-13 所示为一种转叶电风扇的电路图。图中包含表示接地和保护接地的标记代号。

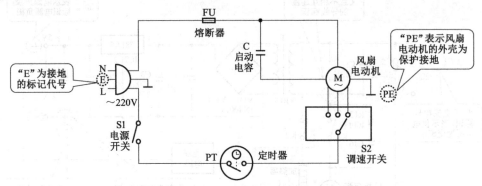

图 1-13　转叶电风扇电路图中的标记代号

这里我们归纳总结的一些常用的特殊用途的标记代号，如表 1-9 所示。

表 1-9　特殊用途的标记代号

序号	名称	文字符号		序号	名称	文字符号	
		新符号	旧符号			新符号	旧符号
1	交流系统中电源第一相	L1	A	11	接地	E	D
2	交流系统中电源第二相	L2	B	12	保护接地	PE	——
3	交流系统中电源第三相	L3	C	13	不接地保护	PU	——
4	中性线	N	0	14	保护接地线和中性线共用	PEN	——
5	交流系统中设备第一相	U	A	15	无噪声接地	TE	——
6	交流系统中设备第二相	V	B	16	机壳或机架	MM	——
7	交流系统中设备第三位	W	C	17	等电位	CC	——
8	直流系统电源正极	L+	——	18	交流电	AC	JL
9	直流系统电源负极	L-	——	19	直流电	DC	ZL
10	直流系统电源中间线	M	Z				

新知讲解 1.3.2　颜色标记的代号

由于大多数电子电路图等技术资料为黑白颜色，很多导线的颜色无法进行区分，因此在电子电路图上通常用字母代号表示导线的颜色。

【图文讲解】

例如，图 1-14 所示为一个简单的洗衣机电路图，图中通过颜色标记代号标识出了线路的颜色。

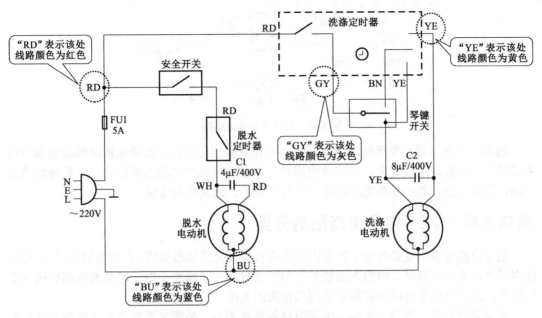

图 1-14 洗衣机电路图的颜色标记代号

常见的表示颜色的字母代号如表 1-10 所示。

表 1-10 常见的表示颜色的字母代号

颜色	标记代号	颜色	标记代号
红	RD	棕	BN
黄	YE	橙	OG
绿	GN	绿黄	GNYE
蓝（包括浅蓝）	BU	银白	SR
紫、紫红	VT	青绿	TQ
白	WH	金黄	GD
灰、蓝灰	GY	粉红	PK
黑	BK	—	—

任务模块 1.4 电子电路图的类型与特点

电子电路图是电子技术领域中重要的技术资料，由于其蕴含内容及表达形式的不同，具有多样性的特点。

新知讲解 1.4.1 线路与电路的基本概念

电路是指由导线将电源与负载连接的闭合回路，该回路允许电流流过。

【图文讲解】

图 1-15 所示为一个简单的电子电路图。

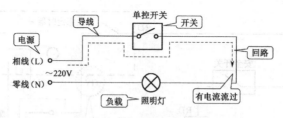

图 1-15　简单的电子电路图

通常，任何电源需要向外供电或任何用电设备要使用电能，都必须用导线将电源与用电设备两者合理地连接起来，形成电流回路，才能使电器得到动力而做功。这种电流通过的路径称为电路，而一般的电路都是用导线连接的，故又称为线路。

新知讲解 1.4.2　电子电路图的分类

电子电路可以将复杂的电子产品内部的连接控制关系以最简洁、直观的形式展现出来，使电子产品安装、调试、检修人员能够在很短的时间内了解整个电子产品的内部结构和工作原理，进而在电子电路图的指示下完成相应的工作。

在实际的生产、维修工作中，电子电路的连接关系、装配关系以及工作过程会通过不同的电子电路图来体现，即我们常见的电子电路接线图、电子电路装调图和电子电路原理图。不同类型的电子电路图有不同的特点。

1．电子电路接线图

通常，我们将表达电子电路连接关系的电路图称为电子电路接线图，该类电路图表达的内容比较直观。

【图文讲解】

图 1-16 所示为典型小型超外差式收音机的电子电路连接关系图。在图中，我们可以清楚地了解电子产品（电路）中的各主要组成部件，明确各主要部件之间的连接关系和连接方式。

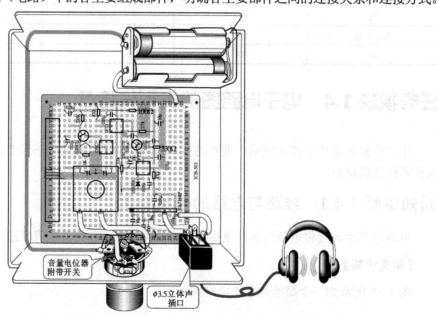

图 1-16　典型小型超外差式收音机的电子电路连接关系图

在实际生产维修中，电子产品生产组装人员往往会依据接线图完成对电子电路（产品）的连接组装。

2. 电子电路装调图

电子电路装调图是一种用于表达电子电路装配关系的电路图，图中主要体现各电子元器件具体焊接或安装情况。

【图文讲解】

图 1-17 所示为典型电子产品的电子电路装调图。在图中，我们可以清楚电子电路中各电子元器件的安装位置、焊接方式等，依据电子电路装调图很容易完成对电子电路（产品）的调试。

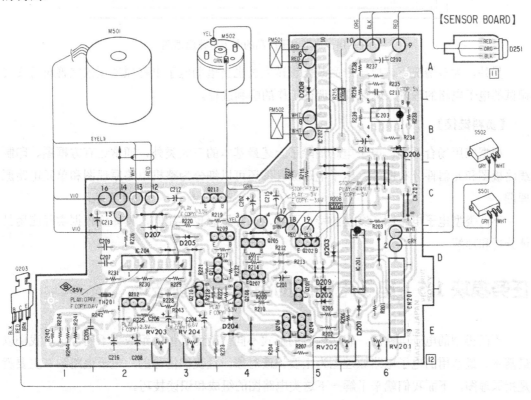

图 1-17　典型电子产品的电子电路装调图

3. 电子电路原理图

电子电路原理图主要用于表达电子电路的结构和工作原理，是电子产品非常重要的一种电路图。

【图文讲解】

图 1-18 所示为一种典型电子产品的电子电路原理图。电子电路原理图非常详细、清晰、准确地记录了电子电路各组成部件及元器件之间的连接和控制关系，能够直观体现电子产品的工作原理，因此一般作为电子产品电路设计的参考资料，同时也作为指导分析、检测和维修等工作的核心资料。

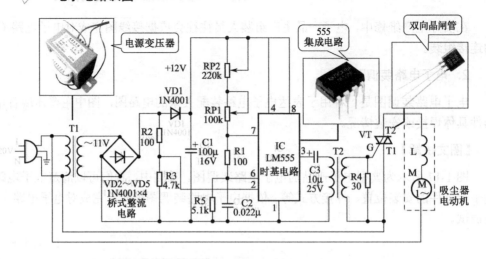

图 1-18　典型电子产品的电子电路原理图

另外，大多情况下，电子产品装配调试人员也会借助电子电路原理图来完善对待安装调试的电子电路的理解，确保安装调试工作的顺利进行。

【资料链接】

根据应用场合不同，电子电路图除了上述最基本的三大类外，通常还有方框图、印制线路板图和元器件分布图等；电子电路原理图还可以细分为整机电路原理图和单元电路原理图。

不同类型电子电路图所突出的特点不同，指导思想也不相同，具体应根据实际应用具体分析和理解。

任务模块 1.5　电子电路图的组成与识读技巧

不同类型的电子电路图，表达内容的形式不同，因而具体的组成也不同，这里我们以最基本、最常用的电子电路原理图为主要识读对象，且我们俗称的"电子电路图"主要就是指原理图，下面我们就来了解一下这类电路图的组成和识读技巧。

新知讲解 1.5.1　电子电路图的组成

一般一张电子电路图是由三个部分构成的，即电源、中间环节和负载部分。电源即为整个电路提供动力能源的部分；中间环节则指控制、信号传输或线路等部分；负载即为实现该电路功能的部分，也就是做功部分。

【图文讲解】

例如，图 1-19 所示为一种自动调光台灯电路图，可以看到，电路大致可以分为电源、中间环节和负载三部分。

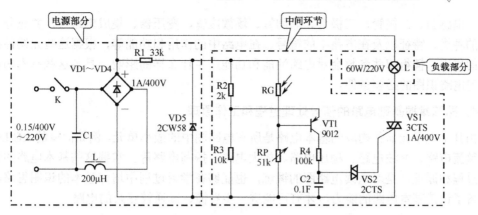

图 1-19　典型电子电路图的结构（自动调光台灯电路图）

图 1-19 中，电源为 220 V 正弦交流电源，负载只有一只白炽灯（EL），中间环节则由导线和多个电子元器件构成。

【提示】

严格来说，上述电子电路图部分，其实属于原理图中的核心部分，按照一般的标准来说，一张完整的电路图还包含有技术说明和标题栏。技术说明一般以表格的形式放在图纸中的空白部位，用于标识电路图中相关部件或导线、仪表等的规格、型号等参数。标题栏一般位于核心电路图的右下角，标注有该电路图的名称、图号、设计人和制图人、审核人、签名和日期等，属于对该电路图的档案部分。

我们主要以核心的电路图部分的识图方法进行介绍。

新知讲解 1.5.2　识读电子电路图须知

学习识图前，需要首先了解识图的一些基本要求和原则，在此基础上掌握好识图的基本方法和步骤，才能提高识图的技能水平和准确性。

1. 初步了解电子电路图的基础知识

学习识图前首先要了解什么是电子电路图，其基本构成、分类和主要特点有哪些，也就是说需要对电子电路图的一些基础知识有一个大体的了解，以构成对电子电路图的一个整体概念，作为以后学习识图的总体思路和引导。

2. 掌握电子电路图的文字符号、图形符号、标记代号等

在文字符号中常用图形符号、文字符号、标记代号来表示相对应物理部件，并用导线连接起来构成一个完成的系统、装置或设备，这些符号、标记等均为该文字符号的构成元素，也就相当于一篇文章中的"字"、"词"和"短句"，只有掌握这些基本和基础的内容，才有可能读懂"一篇文章"。

由于文字符号中的图形符号、文字符号、标记代号的类型和数量十分庞杂，读者一般可根据所从事的工作和专业出发，先掌握不同专业共用和本专业专用的图形符号，然后在逐步扩大，并且可通过多看、多读、多画来加强记忆。

3. 熟练掌握电子产品中常用的电子元器件的基本知识

学习电路识图，需熟练掌握电子产品中常用的电子元器件的基本知识，如电阻器、电

容器、电感器、二极管、三极管、晶闸管、场效应管、变压器、集成电路等，并充分了解它们的种类、特征以及在电路中的符号、在电路中的作用和功能等，根据这些元器件在电路中的作用，懂得哪些参数会对电路性能和功能产生什么样的影响，具备这些基本知识，是学习电路识图的必要条件。

4. 熟练掌握基础电路的信号处理过程和工作原理

由几个电子元器件构成的基本电路是所有电路图中的最小单元，例如简单的 RC/LC 电路、整流电路、滤波电路、稳压电路、放大电路、振荡电路等。掌握这些基本电路的信号处理过程和原理，是对识读电路图的锻炼，也能够在学习过程中培养基本的识图思路，只有具备了识读基本电路的能力，才有可能进一步看懂、读通较复杂的电路。

5. 遵循由浅入深循序渐进的原则

在电子领域，识图是进入该行业的"敲门砖"，是作为一名电子技术人员应掌握的一项最基础和最基本的技能，作为初学者，应本着从浅到深、从简单到复杂的原则学习识图，切不可盲目地选择一些复杂的大电路作为入手点，很容易降低学习的兴趣。

6. 熟悉各类电子电路图的典型电路

各类电子电路图的典型电路是指该类电子电路图中最常见、最常用的基本电路，如基本的 RC 电路、LC 电路、基本放大电路等，了解这些基础电路的功能和识读方法，在此基础上将多个基础电路组合，调整，便可能构成了某个电子产品的单元或整机电路，如此也可以了解到，一些复杂的电路实际上就是几种典型电路的组合，因此熟练掌握各种典型电路，在学习识读时有利于快速地理清主次和电路关系，那么对于较复杂电子电路的识读也变得轻松和简单多了。

7. 掌握电子电路图中的相关国家标准和规程

我们学习识读电子电路主要是为了指导对识读对象所对应的产品、设备或装置的安装调试、运行指导、检查、维修等，在进行上述操作中，相关技术要求、标准等无法在电路图中一一标示，但很多操作在有关的国家标准和技术规程中已做了明确规定，在进行实践时，所有的技术操作都不能与规定好的标准和要求相违背，因此，学习识图，须要对涉及电子电路图的一些国家标准和相关规程有一定了解，以此作为识图的规范，提高识图的准确性。

新知讲解 1.5.3 快速识读电子电路图的基本方法

学习识图，需要首先掌握一定的方式方法，也就是学习和参照一些经验，在此基础上指导我们找到一些规律，是快速掌握识图技能的一条"捷径"。下面介绍几种基本的快速识读电子电路图的方法和技巧。

掌握电路图相应的识图技巧，对识读电路图有着尤为重要的作用，在识读时我们应从三个方面入手，即从元器件的结构和工作原理入手学习识图、从单元电路入手学习识图、从整机入手学习识图和对照学习识图。

1. 从元器件的结构和工作原理入手学习识图

各种电子电路图都是由各种电子元器件和配线等组成的，只有了解各种元器件的结构、工作原理、性能以及相互之间的控制关系，才能帮助电子技术人员尽快地读懂电路图。

【图文讲解】

如图 1-20 所示，在电子产品的电路板上有不同外形、不同种类的电子元器件，电子元器件所对应的文字标识、电路符号及相关参数都标注在了元器件的旁边。

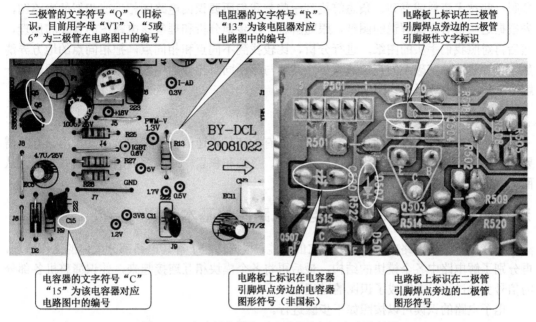

图 1-20 电路板上的电子元器件的标识和电路符号

电子元器件是构成电子产品的基础，换句话说，任何电子产品都是由不同的电子元器件按照电路规则组合而成的。因此，了解电子元器件的基本知识，掌握不同元器件在电路图中的电路表示符号以及各元器件的基本功能特点是学习电路识图的第一步。这就相当于我们学习文章之初，必须先识字，只有将常用文字的写法和所表达的意思掌握了，我们才能进一步读懂文章。

2．从单元电路入手学习识图

单元电路就是由常用元器件、简单电路及基本放大电路构成的可以实现一些基本功能的电路，它是整机电路中的单元模块。例如，串并联电路、RC、LC 电路、放大器、振荡器等。

如果说电路符号在整机电路中相当于一篇"文章"中的"文字"，那么单元电路就是"文章"中的一个段落。简单电路和基本放大电路则是构成段落的词组或短句。因此从单元电路入手，了解简单电路、基本放大电路的结构、功能、使用原则及应用注意事项对于电路识图非常有帮助。

3．从整机入手学习识图

电子产品的整机电路是由许多单元电路构成的。在了解单元电路的结构和工作原理的同时，弄清电子产品所实现的功能以及各单元电路间的关联，对于熟悉电子产品的结构和工作原理非常重要。例如，在影音产品中，包含有音频、视频、供电及各种控制等多种信号。如果不注意各单元电路之间的关联，单从某一个单元电路入手很难弄清整个产品的结构特点和信号流向。因此，从整机入手，找出关联，理清顺序是最终读懂电路图的关键。

4．对照学习识图

作为初学者，我们很难直接对一张没有任何文字解说的电路图进行识读，因此可以先参照一些技术资料或书刊、杂志等找到一些与我们所要识读电路图相近或相似的电路图，先根据这些带有详细解说的图纸，跟随解说一步步地分析和理解该电路图的含义和原理，然后再对照我们手头的图纸，进行分析、比较找到不同点和相同点，把相同点的地方弄清楚，再针对性地突破不同点，或再参照其他与该不同点相似的图纸，最后把遗留问题一一解决之后，便完成了对该图的识读。

【提示】

对照学习识图，是初学者最易掌握、最有效和最迅速的一种识图方法，采用该方法需要我们在学习他人经验的过程中，注意归纳、总结和积累，并能够灵活运行这些知识，从而扩大自己的知识面、逐步提高识图的能力。

新知讲解 1.5.4　快速识读电子电路图的基本步骤

识读电子产品电路，首先要了解它的功能，根据功能了解其电路部分大体的工作原理，再分别了解电路中各个模块的结构，最后再将各个模块相互连接起来，并识懂整机各部分的信号变换过程，就完成了识图的过程。

电子电路的识读可以按照如下步骤进行。

1．了解电子产品功能

一个电子产品的电路图，是为了完成和实现这个产品的整体功能而设计的，首先搞清楚产品电路的整体功能和主要技术指标，便可以在宏观上对该电路图有一个基本的认识。

【图文讲解】

电子产品的功能可以根据其名称了解，例如，收音机的功能是接收电台信号，收音机将天线接收的电台信号经放大、变频、中放、检波和功放，将信号还原并驱动扬声器或耳机发声，如图 1-21 所示。

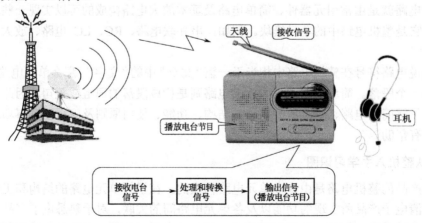

图 1-21　收音机的功能

其产品功能是由其内部的电路进行体现的，由此便可以了解到收音机中电路的大体工作过程了，再以此概括性的概念作为主体指导思路进行识图，就容易多了。

2. 对具有电源电路部分的电路先识读直流供电的流程，再识读交流信号传输过程

电子产品工作一般都离不开电源供电，因此对电路进行识读时，可首先分析电压供给电路。

【图文讲解】

电子电路图中，各电子元器件大多采用直流电源，分析直流供电时，可将电路图中的所有电容器看成开路（电容器具有隔直特性），将所有电感器看成短路（电感器具有通直的特性），如图1-22所示。

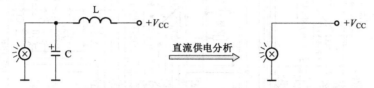

图1-22　单元电原理图直流供电部分的识读

识读交流信号传输过程就是分析信号在该单元电路中如何从输入端传输到输出端，并通过了解信号在这一传输过程中受到的处理（如放大、衰减、变换等），来了解单元电路的信号流程。

【提示】

电子产品电路一般是按照信号处理的流程为顺序进行绘制的，按照一般人读书习惯，通常输入端画在左侧，信号处理为中间主要部分，输出则位于整张图纸的最右侧部分。比较复杂的电路，输入与输出的部位无定则，因此，分析电路图时可先找出整个电路图的总输入端和总输出端，即可判断出电路图的信号处理流程和方向。

3. 对于较复杂电路要先以主要元器件为核心将电子电路图"化整为零"

"化整为零"是识读电子电路中的重要步骤，特别是对于较复杂的电子产品，其电路复杂烦琐，为了能够更清晰地了解和分析电子产品的工作原理和信号流程，往往会先根据电路实现的功能将其划分成若干个单元电路。也就是说，在掌握整个电路原理图的大致流程基础上，根据电路中的核心元件将整机划分成一个一个的功能单元，然后将这些功能单元对应学过的基础电路，再进行直流或交流信号的分析。

【图文讲解】

例如，图1-23为典型变频空调器室内机的电路图。由图可知看到，该电路包含的电子元器件类型多种多样，数量也十分庞杂，若直接对其进行识读，几乎无从下手，但通过仔细观察不难看出，该电路无非是实现对空调器室内机进行供电、控制和通信三大功能，由此对其按照图中虚线划分成三个单元电路，即供电电路部分、通信电路部分和控制电路部分，由此再分别对各个单元电路进行识读就容易多了。

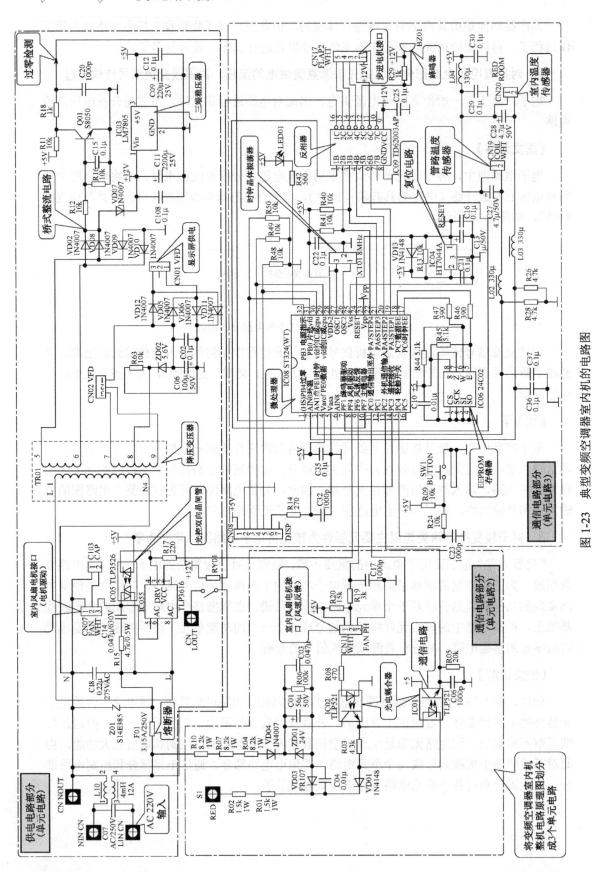

图1-23 典型变频空调器室内机的电路图

4. 最后通过了解核心元件在电路中的功能，完成电路识读

电路中元器件作用的分析非常关键，能不能看懂电路的信号流程，关键是要了解核心元件在电路中的作用和自身的工作特性。将一个个识读的结果综合在一起即完成了对整个电子产品电路的识读过程。

下面我们以典型调频收音机中的中频放大器电路为例，演示快速识读电子电路的基本步骤。

图 1-24 所示为典型调频收音机中的中频放大器电路。

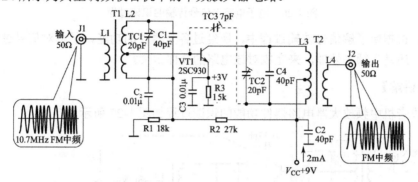

图 1-24　典型调频收音机中的中频放大器电路

识读该电路时，首先根据收音机的产品功能了解到它是一个对所接收电台信号进行处理和输出的一个电路部分，然后根据图中的文字标识信息，它是将输入的 10.7 MHz 的 FM 中频信号进行选频和放大处理后，由 J2 端输出 FM 中频的过程，由此可知，该电路为该收音机中的中频电路部分。

接着，对于该电路的直流供电通道进行识读，将电路中所有的电容器视为断路，电感器视为通路。

【图文讲解】

调频收音机中频放大器电路直流供电通道的识读过程如图 1-25 所示。

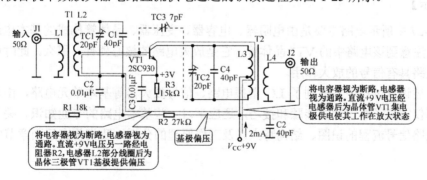

图 1-25　对电子电路直流供电通道的识读

然后，根据图中标识出的输入输出标识，识读主信号（FM 中频）的传输过程。

【图文讲解】

调频收音机中频放大器电路主信号的识读过程如图 1-26 所示。

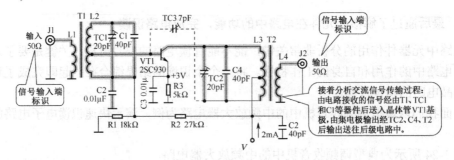

图 1-26　电子电路主信号传输的识读过程

最后，根据所了解信号传输过程中，所经过各个器件的功能，了解对信号进行的是放大、衰减，还是变频等处理，来完成对该电路的具体识读。

【图文讲解】

调频收音机中频放大器电路器件功能的识读过程如图 1-27 所示。

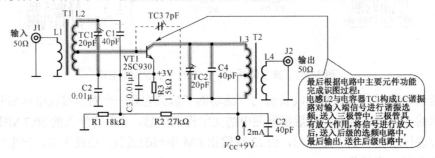

图 1-27　调频收音机该中频电路的具体识读

由图 1-27 可知，信号传输过程中，经过了 LC 滤波电路，和晶体三极管 VT1，根据对这些简单电路和电子元器件功能的了解可知，输入的信号先经过滤波后，再进行放大，最后输出。

【提示】

图 1-27 中所示电路主要是由电阻器、电容器、变压器、晶体管构成的基本电路。识图时，首先注意到该电路中的 VT1 晶体管，它是放大电路的核心器件，那么，此时可以初步判断该电路具有信号的放大作用。

在上述识读过程中，提到了 LC 谐振电路、信号放大器等基本单元电路，由此说明学习识图不仅需要了解识读的步骤和技巧，还应学习一些基本电路的专业知识。关于一些基本单元电路信号流程的识图、结构特点以及工作原理的分析，我们将在后面章节中进行具体介绍。

项目二
基本电子元器件的电路对应关系

电阻器、电容器、电感元件是构成各种电子产品的基本电子元器件，这些器件的图形符号是构成各种电子电路图的基本要素，要学好电子电路识图方法，必须首先熟悉各种基本电子元器件的图形符号和电路标识，明确电路对应关系。

任务模块 2.1 电阻器的电路对应关系

电阻器是电子产品中最基本、最常用的电子元器件之一。它利用自身对电流的阻碍作用，可以通过限流电路为其他电子元器件提供所需的电流；通过分压电路为其他电子元器件提供所需的电压。

新知讲解 2.1.1 认识电阻器

1. 电阻器的种类

电阻器的种类很多，主要可以分为固定电阻器和可变电阻器两大类。

【图文讲解】

电子产品中常见的电阻器如图 2-1 所示。

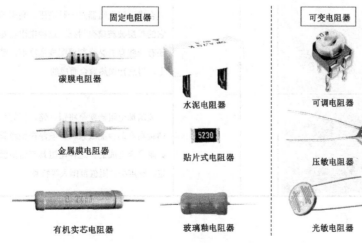

图 2-1 常见的电阻器

（1）固定电阻器

固定电阻器就是指阻值固定的电阻器，其电阻值在出厂前就已固定，不可改变。该类电阻器在电子电路图中的图形符号统一为"—▭—"，在电路中的名称标识通常为"R"。

电子产品中，常用的固定电阻器按照结构和外形可分为碳膜电阻器、金属膜电阻器、金属氧化膜电阻器、合成碳膜电阻器、玻璃釉电阻器、水泥电阻器、排电阻器、熔断电阻器以及实芯电阻器，不同类型固定电阻器的外形特征及功能特性有所不同。

常见固定电阻器的外形、文字标识及图形符号如表2-1所示。

表2-1　常见固定电阻器的图形符号及功能

种类	外形特点	文字标识	图形符号	说明
碳膜电阻器				碳膜电阻器就是将碳在真空高温的条件下分解的结晶碳蒸镀沉积在陶瓷骨架上制成的，通常采用色环标注法标注阻值。这种电阻的电压稳定性好，造价低，在普通电子产品中应用非常广泛
金属膜电阻器	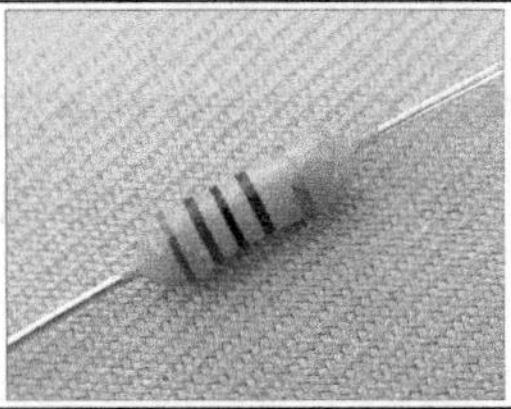			金属膜电阻器就是将金属或合金材料在真空高温的条件下加热蒸发沉积在陶瓷骨架上制成的电阻。与碳膜电阻相比，它的电压系数更好，同等条件下的体积也比碳膜电阻小很多，但是它的脉冲负荷稳定性差，造价也较高
金属氧化膜电阻器	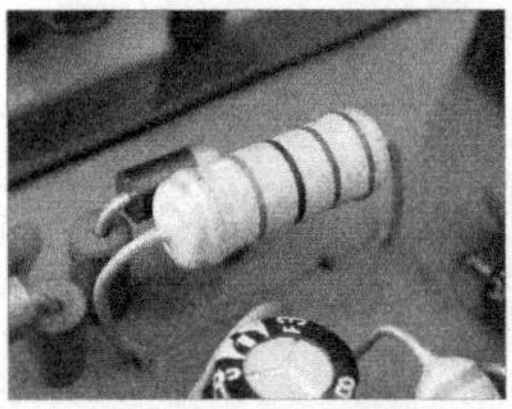	R	—▭—	金属氧化膜电阻器就是将锡和锑的金属盐溶液进行高温喷雾沉积在陶瓷骨架上制成的。因为是高温喷雾技术，所以它的膜层均匀，与陶瓷骨架结合得结实且牢固，比金属膜电阻更为优越，具有抗氧化、耐酸、抗高温等特点。金属氧化膜电阻器采用色环标注法标注阻值
合成碳膜电阻器	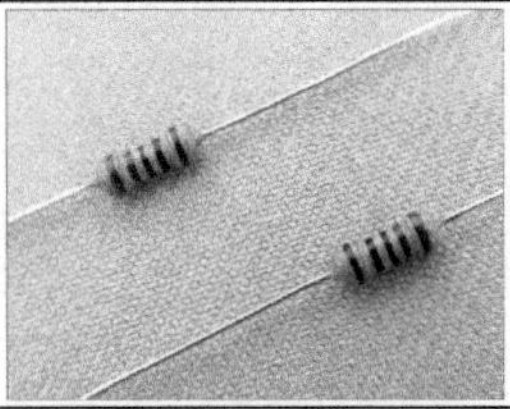			合成碳膜电阻器是一种高压、高阻的电阻器，通常它的外层被玻璃壳封死，这种电阻器是将碳黑、填料还有一些有机黏合剂调配成悬浮液，喷涂在绝缘骨架上，再进行加热聚合而成的
玻璃釉电阻器	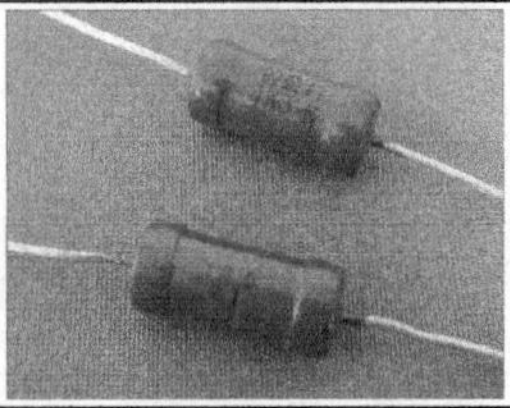			玻璃釉电阻器就是将银、铑、钌等金属氧化物和玻璃釉黏合剂调配成浆料，喷涂在绝缘骨架上，再进行高温聚合而成的。这种电阻具有耐高温、耐潮湿、稳定、噪声小、阻值范围大等特点

种类	外形特点	文字标识	图形符号	说明
水泥电阻器	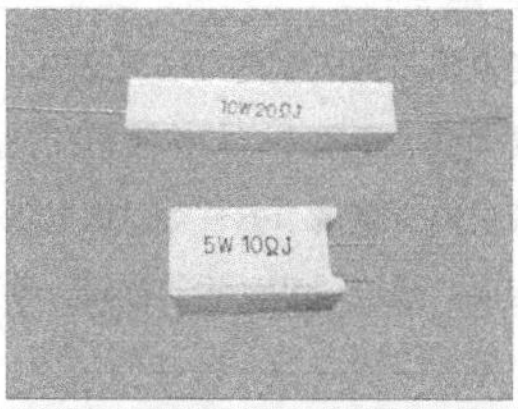			水泥电阻的电阻丝同焊脚引线之间采用压接方式，外部采用陶瓷、矿质材料包封，具有良好的绝缘性能。通常，水泥电阻主要应用在大功率电路中，当负载短路时，水泥电阻的电阻丝与焊脚间的压接处会迅速熔断，对整个电路起限流保护的作用
实芯电阻器（R）				实芯电阻器是由有机导电材料或无机导电材料及一些不良导电材料混合并加入黏合剂后压制而成的。这种电阻器通阻值误差较大，稳定性较差，因此目前电路中已经很少采用
熔断电阻器	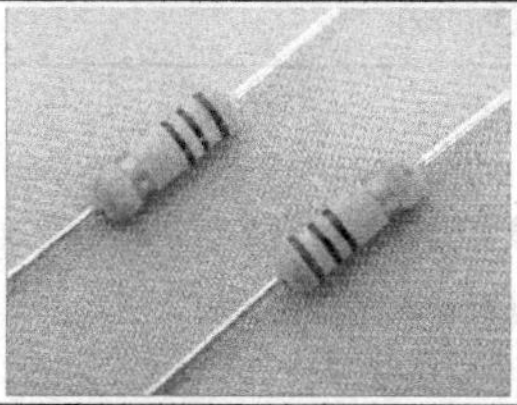	R 或 FB		熔断电阻器又称为保险丝电阻器，具有电阻器和过流保护熔断丝双重作用，在电流较大的情况下溶化断裂从而保护整个设备不受损坏
排电阻器		R	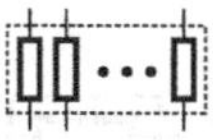	排电阻器是将多个分立的电阻器按照一定规律排列集成为一个组合型电阻器，也称为排阻、集成电阻器或电阻器网络
熔断器	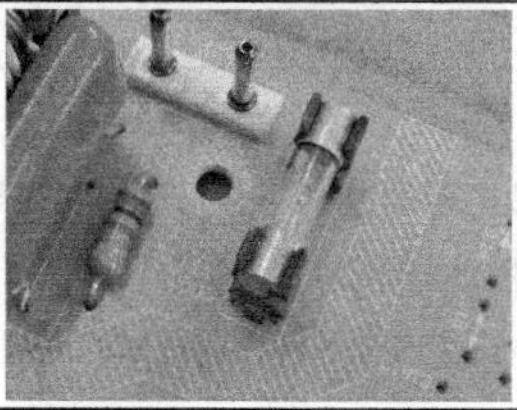	FU	 	熔断器又称为保险丝，阻值接近零，是一种安装在电路中，保证电路安全运行的电器元件。它会在电流异常升高到一定的强度时，自身熔断切断电路，从而起到保护电路安全运行的作用

（2）可变电阻器

可变电阻器是指阻值可以变化的电阻器：一种是可调电阻器，这种电阻器的阻值可以根据需要人为调整，一般称为电位器；另一种是敏感电阻器，这种电阻器的阻值会随周围工作环境或所在电路参数的变化而变化，常见的主要有热敏电阻器、湿敏电阻器、光敏电阻器、压敏电阻器、气敏电阻器等。

与固定电阻器不同的是，不同类型的可变电阻器，在电路图中的文字标识及图形符号也不相同，常见可变电阻器的外形、文字标识及图形符号如表 2-2 所示。

表 2-2　常见可变电阻器的图形符号及功能

种类		外形特点	文字标识	图形符号	说明
可变电阻器	可调电阻器		RP	或	可变电阻器的阻值是可以调整的，常用在电阻值需要调整的电路中，如电视机的亮度调谐器件或收音机的音量调节器件等。该电阻器由动片和定片构成，通过调节动片的位置，改变电阻值的大小
敏感类电阻器	热敏电阻器		MZ、MF	θ	热敏电阻的阻值会随温度的变化而变化，可分为正温度系数（PTC）和负温度系数（NTC）两种热敏电阻。正温度系数热敏电阻的阻值随温度的升高而升高，随温度的降低而降低；负温度系数热敏电阻的阻值随温度的升高而降低，随温度的降低而升高
	光敏电阻器		MG		光敏电阻器的特点是当外界光照强度变化时，光敏电阻器的阻值也会随之变化
	湿敏电阻器		MS		湿敏电阻的阻值随周围环境湿度的变化，常用作湿度检测元件
	气敏电阻器		MQ		气敏电阻器是利用金属氧化物半导体表面吸收某种气体分子时，会发生氧化反应或还原反应而使电阻值改变的特性而制成的电阻器
	压敏电阻器		MY	U	压敏电阻器是敏感电阻中的一种，是利用半导体材料的非线性特性的原理制成的，当外加电压施加到某一临界值时，电阻的阻值急剧变小的敏感电阻器

2．电阻器的功能

电阻器在电路中主要用来调节、稳定电流和电压，可作为分流器、分压器，也可作为电路的匹配负载，在电路中可用于放大电路的负反馈或正反馈电压/电流转换，输入过载时的电压或电流保护元件又可组成 RC 电路作为振荡、滤波、微分、积分及时间常数元器件等。

（1）电阻器的限流和降压功能

电阻器阻碍电流的流动是它最基本的功能。根据欧姆定律，当电阻两端的电压固定时，电阻值越大，流过它的电流则越小，因而电阻器常用作限流器件。

【图文讲解】

图 2-2 为电阻器限流功能的应用。可以看到，电阻器阻值较小时，对电流的阻碍作用较小，流过灯泡的电流较大，灯泡较亮；电阻器阻值较大时，对电流的阻碍作用较大，流过灯泡的电流较小，灯泡较暗。

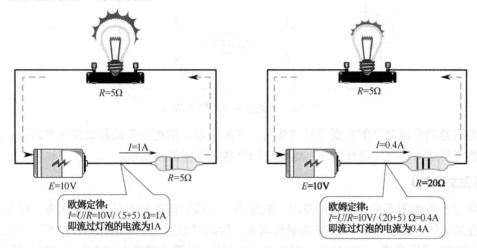

图 2-2　电阻器限流功能的应用

电阻器的降压功能与限流功能相似，它是通过自身的阻值产生一定的压降，将送入的电压降低后再为其他部件供电，以满足电路中低电压的供电需求。

【图文讲解】

图 2-3 为电阻器降压功能的应用。可以看到，电池电压为 4.5V，小电动机的额定电压为 3.6V，若要将该电动机直接接在电池两端，则会因过流而损坏电动机；在电路中加入一只电阻器，电阻器自身电阻产生压降，使输入电压降低 0.9V 后再为小电动机供电，4.5V-0.9V=3.6V，满足小电动机的供电需求，工作正常。

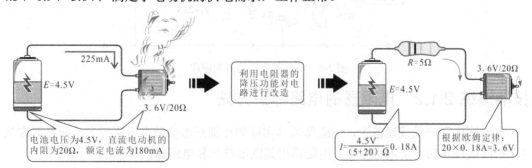

图 2-3　阻器降压功能的应用

（2）电阻器的分流和分压功能

电路中采用两个（或两个以上）电阻器并联起来接在电路中，即可将送入的电流分流，电阻器之间分别为不同的分流点。

【图文讲解】

图 2-4 为电阻器分流功能的应用。电路中发光二极管为 2V、20mA，分流电阻器为两组发光二极管供电。

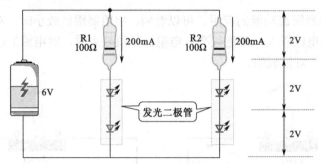

图 2-4　电阻器分压功能的应用

电阻器的分压功能的实现通常需要两个或两个以上的电阻串联起来接在电路中，两个电阻器可将送入的电压进行分压，电阻之间分别为不同的分压点。

【图文讲解】

图 2-5 为电阻器分压功能的应用。电路中，三极管需要处于最佳偏置状态，使晶体管工作在放大区，其基极电压 2.8V 为最佳状态，为此要设置一个电阻器分压电路（由电路中的 R1 和 R2 串联构成），将 9V 分压成 2.8V 为晶体三极管基极供电。R3 为集电极负载电阻，R4 为电流负反馈电阻，C_B 为去耦旁路电容。

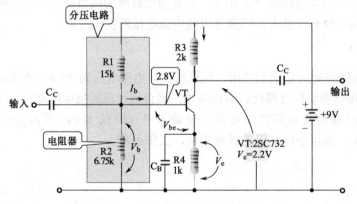

图 2-5　电阻器分压功能的应用

技能训练 2.1.2　电阻器的电路标识方法

在实际电子产品或设备中，电阻器以其实际的外部形态安装在电路板上，而在对应该电子产品或设备的电子电路图中，电阻器用其图形符号和电路标识体现。

【图文讲解】

图 2-6 所示为典型电子产品电路图中电阻器的电路标识。

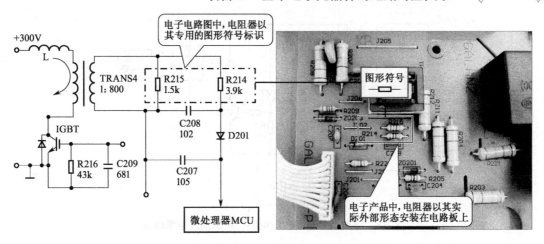

图2-6　典型电子产品电路图中电阻器的电路标识

1. 识别电阻器的图形符号和电路标识

电阻器在电子电路中的标识通常分为两部分，一部分是图形符号，可以体现出电阻器的基本类型；一部分是字母+数字，通常标识在电阻器图形符号旁边，表示电阻器的类型、名称、序号以及电阻值等参数信息。

【图文讲解】

图 2-7 所示为普通电阻器在电子电路图中的图形符号和电路标识。其中，图形符号主要由一个矩形框和两端的引线构成，两端引线相当于电阻器的两个引线脚，与电子电路图中的电路线连通，构成电子线路。文字标识"R101"表示电阻器在电路中的编号，"5.1k"表示该电阻器的电阻值为 5.1kΩ。

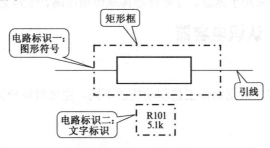

图 2-7　识别电阻器的图形符号和电路标识

2. 识读电阻器的标识信息

在电子电路图中，电阻器的标识主要有"电阻名称标识"、"材料"、"类型"、"序号"、"电阻值"、"允许偏差"等相关信息。识读电阻器的标识信息，对我们分析、检修电子电路十分重要。

【图解演示】

图 2-8 所示为某典型继电器控制电路中电阻器的电路标识。

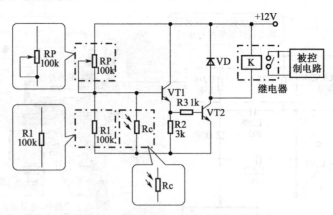

图 2-8 某典型继电器控制电路中电阻器的电路标识

- "—▭—"在电路中表示普通电阻器,"R1"在电路中表示普通电阻器在该电路中的名称标识,"100 k"在电路中表示普通电阻器的电阻值为 100 kΩ。
- "—▭—"在电路中表示可调电阻器(可变电阻器),"RP"在电路中表示可调电阻器的序号。
- "—▭—"在电路中表示光敏电阻器,Rc 在电路中表示光敏电阻器的序号,"MG"表示光敏电阻器在电路中的名称标识。

任务模块 2.2 电容器的电路对应关系

电容器是一种可储存电能的元件(储能元件)。电容器是由两个极板构成的,具有存储电荷的功能,在电路中常用于滤波、与电感器构成谐振电路、作为交流信号的传输元件等。

新知讲解 2.2.1 认识电容器

1. 电容器的种类

电容器的种类很多,根据制作工艺和功能的不同,主要可以分为固定电容器和可调电容器两大类。

【图文讲解】

电子产品中常见的电容器如图 2-9 所示。

(1)固定电容器

固定电容器即为电容量固定的一类电容器,根据有无极性之分,可以分为无极性电容器和有极性电容器。其中,无极性电容器的图形符号统一为"—||—",有极性电容器的图形符号统一为"—+||—",在电路中的名称标识通常为"C"。

电子产品中,常见固定电容器的外形、文字标识及图形符号如表 2-3 所示。

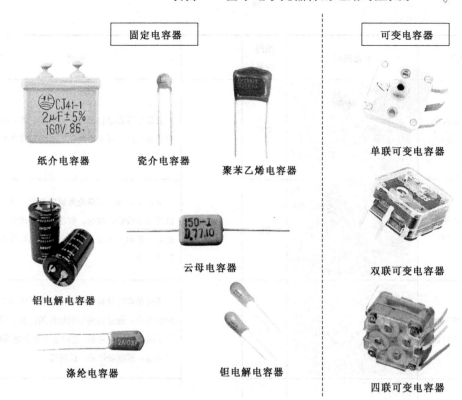

图 2-9　常见的电容器

表 2-3　常见固定电容器的图形符号及功能

	种类	外形结构	图形符号	说明
无极性电容器	色环电容器		C	色环电容器是指在电容器的外壳上标识有多条不同颜色的色环
	纸介电容器		CJ	纸介电容器的价格低、体积大、损耗大且稳定性较差，并且由于存在较大的固有电感，故不宜在频率较高的电路中使用，主要应用在低频电路或直流电路中。 该电容器容量范围在几十皮法（pF）到几微法（μF）之间。耐压有 250 V、400 V 和 600 V 等几种，容量误差一般为±5%、±10%、±20%
	瓷介电容器		CC	瓷介电容器是以陶瓷材料作为介质，在其外层常涂以各种颜色的保护漆，并在陶瓷片上覆银而制成电极。 这种电容器的损耗较小，稳定性好，且耐高温高压

续表

种类		外形结构	图形符号	说明
无极性电容器	云母电容器		CY	云母电容器是以云母作为介质。这种电容器的可靠性高，频率特性好，适用于高频电路
	涤纶电容器		CL	涤纶电容器采用涤纶薄膜为介质，这种电容器的成本较低，耐热、耐压和耐潮湿的性能都很好，但稳定性较差，适用于稳定性要求不高的电路中
	玻璃釉电容器		CI	玻璃釉电容器使用的介质一般是玻璃釉粉压制的薄片，通过调整玻璃釉粉的比例，可以得到不同性能的电容器，这种电容器介电系数大、耐高温、抗潮湿性强，损耗低
	聚苯乙烯电容器		CB	聚苯乙烯电容器是以非极性的聚苯乙烯薄膜为介质制成的，这种电容器成本低、损耗小，充电后的电荷量能保持较长时间不变
有极性电容器	普通铝电解电容器		CD	铝电解电容器体积小，容量大。与无极性电容器相比绝缘电阻低，漏电电流大，频率特性差，容量和损耗会随周围环境和时间的变化而变化，特别是当温度过低或过高的情况下，且长时间不用会失效。因此，铝电解电容器仅限于低频、低压电路（如电源滤波电路、耦合电路等）
	固态铝电解电容器			固态铝电解电容器采用有机半导体或导电性高分子电解质来取代传统的普通铝电解电容器中的电解液，并用环氧树脂或橡胶垫封口。因此，固态电容器的导电性比普通铝电解电容器要高，导电性受温度的影响小
	固体钽电解电容器（分立式）		CA	正极是钽粉烧结块，绝缘介质为 TaO_5，负极为 MnO_2 固体电解质 钽电解电容器的温度特性、频率特性和可靠性都较铝电解电容好，特别是它的漏电流极小，电荷储存能力好，寿命长，误差小，但价格昂贵，通常用于高精密的电子电路中

续表

种类		外形结构	图形符号	说明
有极性电容器	固体钽电解电容器（贴片式）			
	液体钽电解电容器			正极是钽粉烧结块，负极为硫酸水溶液等液体电解质

（2）可变电容器

电容量可以调整的电容器被称为可变电容器。这种电容器主要用在接收电路中选择信号（调谐）。可变电容器按介质的不同可以分为空气介质和有机薄膜介质两种。按照结构的不同又可分为微调电容器、单联可变电容器、双联可变电容器和四联可变电容器。

在电子产品中，常见可变电容器的外形、文字标识及图形符号如表 2-4 所示。

表 2-4　常见可变电容器的图形符号及功能

种类	外形结构	图形符号		说明
微调电容器				微调电容器又称为半可调电容器，这种电容器的容量较固定电容器小，常见的有瓷介微调电容器、管型微调电容器（拉线微调电容器）、云母微调电容器薄膜微调电容器等
空气单联可变电容器		C		由一组动片、定片组成，动片与定片之间以空气为介质
空气双联可变电容器				由两组动片、定片组成，两组动片合装在同一转轴上，可以同轴同步旋转 多应用于收音机、电子仪器、高频信号发生器、通信设备及有关电子设备中
薄膜单联可变电容器				单联电容器的内部只有一个可调电容器。该电容器常用于直放式收音机电路中，可与电感组成调谐电路

续表

种类	外形结构	图形符号	说明
薄膜双联可变电容器			双联可变电容器是由两个可变电容器组合而成的。对该电容器进行手动调节时，两个可变电容器的电容量可同步调节
薄膜四联可变电容器			四联可变电容器的内部包含有 4 个可变电容器，4 个电容可同步调整。

2. 电容器的功能

电容器是一种可储存电能的元件（储存电荷）。它的结构非常简单，主要是由两个互相靠近的导体，中间夹一层不导电的绝缘介质构成的。两块金属板相对平行放置，不相接触，就可构成一个最简单的电容器。

电容器具有隔直流、通交流的特点。因为构成电容器的两块不相接触的平行金属板是绝缘的，直流电流不能通过电容器，而交流电流则可以通过电容器。

【图文讲解】

图 2-10 为电容器隔直流、通交流特性示意图。可以看到，电路中输入电压值与输入信号频率有关，信号频率越高，电容器的阻抗越低，当频率超过一定值时，C1 的阻抗趋近于 0。

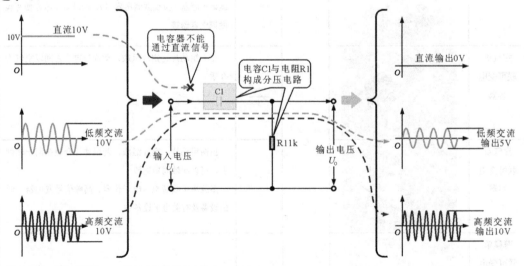

图 2-10 电容器隔直流、通交流特性示意图

根据电容器隔直通交特性，以及充放电特性，电容器在电路中可以起到滤波或耦合作用。

（1）电容器的滤波功能

电容器的滤波功能是指能够滤除杂波或干扰波的功能，是电容器最基本、最突出的功能。

【图文讲解】

电容器的滤波功能如图 2-11 所示。可以看到，交流电压经整流后变成的直流电压很不稳定，波动很大。由于平滑滤波电容器的加入，电路中原本不稳定、波动比较大的直流电压变得比较稳定、平滑。

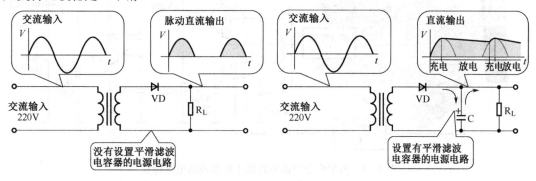

图 2-11　电容器的滤波功能示意图

（2）电容器的耦合功能

电容器对交流信号阻抗较小，可视为通路，而对直流信号阻抗很大，可视为断路。在放大器中，电容常作为交流信号的输入和输出耦合电路器件。

【图文讲解】

电容器的耦合功能如图 2-12 所示。从该电路中可以看到，由于电容器具有隔直流的作用，因此，放大器的交流输出信号可以经耦合电容器 C2 送到负载 R_L 上，而电源的直流电压不会加到负载 R_L 上。也就是说从负载上得到的只是交流信号。

电容器这种能够将交流信号传递过去的能力称为它的耦合功能。

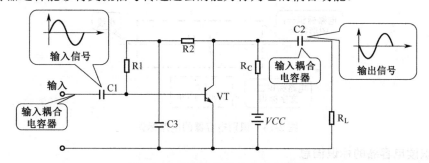

图 2-12　电容器的耦合功能示意图

技能训练 2.2.2　电容器的电路标识方法

在实际电子产品或设备中，电容器以其实际的外部形态安装在电路板上，而在对应该电子产品或设备的电子电路图中，电容器用其图形符号和电路标识体现。

【图文讲解】

图 2-13 所示为典型电子产品电路图中电容器的电路标识。

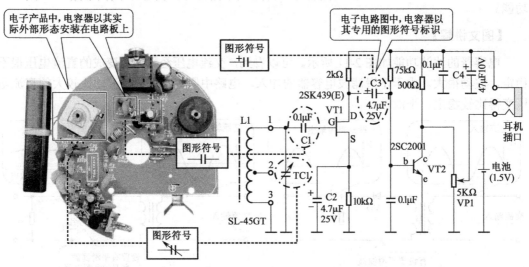

图 2-13　典型电子产品电路图中电容器的电路标识

1. 识别电容器的图形符号和电路标识

电容器在电子电路中的标识通常分为两部分，一部分是图形符号，可以体现出电容器的基本类型；一部分是字母+数字，通常标识在电容器图形符号旁边，表示电容器的类型、名称、序号以及电容值等参数信息。

【图文讲解】

图 2-14 所示为电容器在电子电路图中的图形符号和电路标识。其中，图形符号体现了电容器的基本类型；两端引线与电子电路图中的电路线连通，构成电子线路。文字标识"C5"表示电容器在电路中的编号，"400V 470μ"表示该电容器的耐压值为 400V，标称电容量为 470μF。

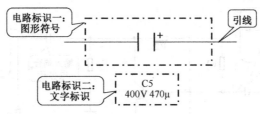

图 2-14　识别电容器的电路标识

2. 识读电容器的标识信息

电容器的标识主要有"电容名称标识"、"材料"、"类型"、"序号"、"电容量"、"允许偏差"等相关信息。识读电容器的标识信息，对我们分析、检修电路十分重要。

【图解演示】

再生式收音机接收电路中电容器的电路标识如图 2-15 所示。

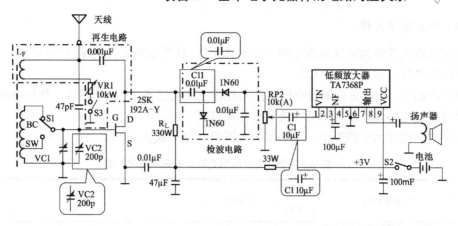

图2-15 再生式收音机接收电路中电容器的电路标识

- "⊤" 在电路中表示可变电容器,"VC2" 表示该可变电容器在电路中的序号,"200 p" 表示该可变电容器的最大电容量为 200 pF。
- "⊣⊢" 在电路中表示电解电容器,"C1" 表示该电解电容器在电路中的序号,"10 μF" 表示该电解电容的标称电容量为 10 μF。
- "⊣⊢" 在电路中表示普通电容器,"C11" 在电路中表示普通电容器的序号,"0.01 μF" 表示该普通电容器的标称电容量为 0.01 μF。

任务模块 2.3 电感元件的电路对应关系

电感器是一种利用线圈产生的磁场阻碍电流变化通直流、阻交流的元器件,在电子产品中主要用于分频、滤波、谐振和磁偏转等。

新知讲解 2.3.1 认识电感元件

1. 电感元件的种类

电感器的种类繁多,分类方式也多种多样,其中根据其电感量是否可变,主要可分为固定电感元件和可调电感元件两大类。

【图文讲解】

图 2-16 所示为电子产品中常见的电感元件。

图 2-16 常见的电感元件

（1）固定电感元件

固定电感元件即为电感量固定的一类电感元件。该类电感元件的图形符号为"～～～"，在电路中的名称标识通常为"L"。

电子产品中，较常见的固定电感元件主要有色环电感器、色码电感器、贴片电感器等。不同类型固定电感元件的外形特征及功能特性有所不同。

常见固定电感元件的外形、文字标识及图形符号如表 2-5 所示。

表 2-5　常见固定电感元件的图形符号及功能

种类	外形结构	文字标识	图形符号	说明
色环电感器				固定色环电感器的电感量固定，它是一种具有磁芯的线圈，将线圈绕制在软磁性铁氧体的基体上，再用环氧树脂或塑料封装，并在其外壳上标以色环表明电感量的数值。电感量：$0.1\ \mu H \sim 22\ mH$
色码电感器		L	～～～	色码电感器与色环电感器都属于小型的固定电感器，用色点标识的外形结构为直立式；性能比较稳定，体积小巧。固定色环或色码电感被广泛用于电视机、收录机等电子设备中的滤波、陷波、扼流及延迟线等电路中。电感量：$0.1\ \mu H \sim 22\ mH$
片电感器				外形体积与贴片式普通电阻器类似，常采用"Lxxx"、"Bxxx"形式标识其代号。电感量：$0.01 \sim 200\ \mu H$，额定电流最高为 100 mA

（2）可调电感元件

可调电感器即为电感量可改变的一类电感器或电感线圈。该类电感元件的图形符号为"～～～"，在电路中的名称标识通常为"L"。

电子产品中，较常见的可调电感元件主要有空心电感线圈、磁棒电感线圈、磁环电感线圈、扼流圈、微调电感线圈。不同类型可调电感元件的外形特征及功能特性有所不同。

常见可调电感元件的外形、文字标识及图形符号如表 2-6 所示。

表 2-6　常见可调电感元件的图形符号及功能

种类	外形结构	文字符号	图形符号	说明
空心电感线圈		L	～～～	空心线圈没有磁芯，通常线圈绕的匝数较少，电感量小。微调空心线圈电感量时，可以调整线圈之间的间隙大小，为了防止空心线圈之间的间隙变化，调整完毕后用石蜡加以密封固定，这样不仅可以防止线圈的形变，同时可以有效地防止线圈振动

续表

种类	外形结构	文字符号	图形符号	说明
磁棒电感线圈			或	磁棒线圈的基本结构是在磁棒上绕制线圈，这样会大大增加线圈的电感量 可以通过调整线圈磁棒的相对位置来调整电感量的大小，当线圈在磁棒上的位置调整好后，应采用石蜡将线圈固定在磁棒上，以防止线圈左右滑动而影响电感量的大小
磁环电感线圈			或	磁环线圈的基本结构是在铁氧体磁环上绕制线圈，如在磁环上两组或两组以上的线圈可以制成高频变压器。 磁环的存在大大增加了线圈电感的稳定性。磁环的大小、形状、铜线的多种绕制方法都对线圈的电感量有决定性影响。改变线圈的形状和相对位置也可以微调电感量
微调电感器				电感的磁芯制成螺纹式，可以旋到线圈骨架内，整体同金属封装起来，以增加机械强度。磁芯帽上设有凹槽可方便调整

2．电感元件的功能

电感器就是将导线绕制线圈状制成的，当电流流过时，在线圈（电感）的两端就会形成较强的磁场。由于电磁感应的作用，它会对电流的变化起阻碍作用。

【图文讲解】

图 2-17 为电感元件的基本工作特性示意图。

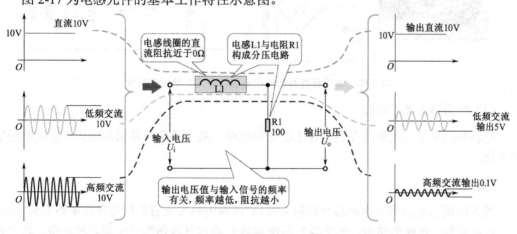

图 2-17　电感元件的基本工作特性示意图

【提示】

电感器的两个重要特性：

● 电感器对直流呈现很小的电阻（近似于短路），对交流呈现的阻抗与信号频率成正比，交流信号频率越高，电感器呈现的阻抗越大；电感器的电感量越大，对交流信号的阻抗越大。

● 电感器具有阻止其中电流变化的特性，所以流过电感的电流不会发生突变。

根据电感器的特性，在电子产品中常被作为滤波线圈、谐振线圈等。

根据电感器的特性，在电子产品中常被作为滤波线圈、谐振线圈等。

（1）电感器的滤波功能

由于电感器会对脉动电流产生反电动势，对交流电流其阻值很大，但对直流阻值很小，如果将较大的电感串接在整流电路中，就可以使电路中的交流电压阻隔在电感上，而滞留部分则从电感线圈流到电容上，起到滤除交流的作用。

通常电感器与电容器构成 LC 滤波电路，由电感器阻隔交流，而电容则将直流脉动电压阻隔在电容外，继而使 LC 电路起到平滑滤波作用。

【图文讲解】

图 2-18 所示为电感器的滤波功能在电磁炉电源电路中的应用。从图中可以看到，交流 220V 输入，经桥式整流堆整流后输出的直流 300V，然后经扼流圈及平滑电容为加热线圈供电。电路中的电感器，即扼流圈的主要作用就是用来阻止直流电压中的交流分量和脉冲干扰。

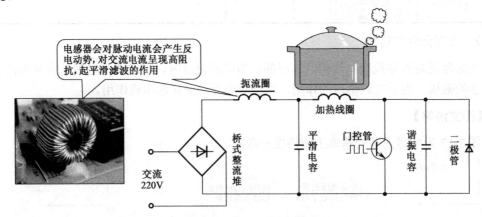

图 2-18　电感器滤波功能在电磁炉电源电路中的应用

（2）电感器的谐振功能

电感器通常可与电容器并联构成 LC 谐振电路，其主要作用是用来阻止一定频率的信号干扰。

【图文讲解】

图 2-19 所示电感器与电容器并联构成的 LC 谐振电路在收音机信号接收电路中的应用。

可以看到，在此电路中，电感器 L 与电容器 C 构成并联谐振式中频阻波电路，其主要作用是用来阻止中频的干扰信号。天线接收空中各种频率的电磁波信号，中频阻波电路具有对中频信号阻抗很高的特点，有效地阻止中频干扰进入高频电路。经阻波后，除中频外的其他信号经电容器 C_e 耦合到由调谐线圈 L_1 和可变电容器 C_T 组成的谐振电路，经 L_1 和

C_T谐振电路的选频作用，把选出的广播节目载波信号通过L_2耦合传送到高放电路。

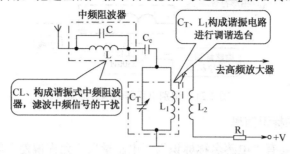

图 2-19　电感器与电容器并联构成的 LC 谐振电路在收音机信号接收电路中的应用

技能训练 2.3.2　电感元件的电路标识方法

在实际电子产品或设备中，电感元件以其实际的外部形态安装在电路板上，而在对应该电子产品或设备的电子电路图中，电感元件用其图形符号和电路标识体现。

【图文讲解】

图 2-20 所示为典型电子产品电路图中电感元件的电路标识。

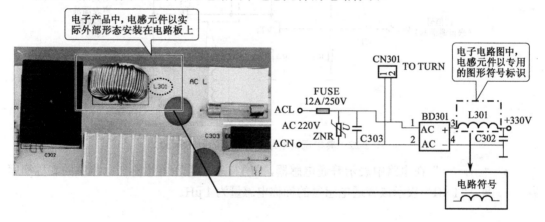

图 2-20　典型电子产品电路图中电感元件的电路标识

1. 识别电感元件的图形符号和电路标识

电感元件在电子电路中的标识通常分为两部分，一部分是图形符号，可以体现出电感元件的基本类型；一部分是字母+数字，通常标识在电感元件图形符号旁边，表示电感元件的类型、名称、序号以及电感值等参数信息。

【图文讲解】

图 2-21 所示为电感元件在电子电路图中的图形符号和电路标识。其中，图形符号体现了电容器的基本类型；两端引线与电子电路图中的电路线连通，构成电子线路。文字标识"L15"表示电感元件在电路中的编号，"300μH"表示该电感元件的标称电感量为 300μH。

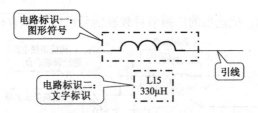

图 2-21　识别电感器的电路标识

2. 识读电感器的标识信息

电感器的标识主要有"电感名称标识"、"电感量"、"允许偏差"等相关信息。识读电感器的标识信息，对我们分析、检修电路十分重要。

【图解演示】

典型调谐电路中电感器的电路标识如图 2-22 所示。

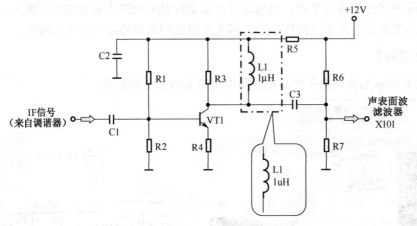

图 2-22　典型调谐电路中电感器的电路标识

- "⌇⌇⌇⌇"在电路中表示普通电感器，"L1"表示普通电感器在电路中的名称和序号，"1 μH"表示该普通电感器的标称电感量为 1 μH。

基本半导体器件的电路对应关系

二极管、三极管、场效应管、晶闸管、集成电路是构成各种电子产品的基本半导体器件，这些器件在电子电路中的应用十分广泛。学习电子电路识图，需要熟悉基本半导体器件的图形符号和电路标识，明确其电路对应关系。

任务模块 3.1　二极管的电路对应关系

二极管是最常见的半导体器件，具有单向导电性，引脚有正、负极之分。

新知讲解 3.1.1　认识二极管

二极管是一种常用的半导体器件，它是由一个 P 型半导体和 N 型半导体形成的 PN 结，并在 PN 结两端引出相应的电极引线，再加上管壳密封制成的。

1. 二极管的种类

二极管的种类很多，主要可以分为普通二极管和敏感类二极管两大类。其中普通二极管按实际功能的不同，还可分为整流二极管、稳压二极管、检波二极管、开关二极管、发光二极管、变容二极管、快恢复二极管、双向触发二极管等；敏感类二极管主要包括光敏二极管。

【图文讲解】

电子产品中常见的二极管如图 3-1 所示。

【资料链接】

PN 结是指用特殊工艺把 P 型半导体和 N 型半导体结合在一起后，在两者的交界面上形成的特殊带电薄层。P 型半导体和 N 型半导体通常被称为 P 区和 N 区，PN 结的形成由于 P 区存在大量正空穴而 N 区存在大量自由电子，因而出现载流子浓度上的差别，于是产生扩散运动，P 区的正空穴向 N 区扩散，N 区的自由电子向 P 区扩散，正空穴与自由电运动的方向相反，这就是二极管的内部结构的特点，如图3-2所示。

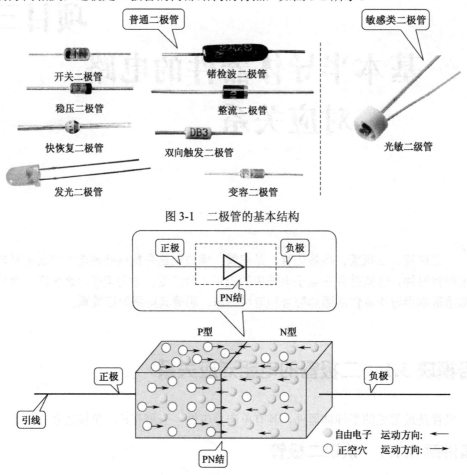

图3-1　二极管的基本结构

图3-2　构成二极管的PN结

在实际应用中，二极管的类型多种多样，相对应的图形符号也有所区别，因此，了解不同类型的二极管的图形符号，对准确识别出电子电路图中二极管的类型有重要意义。

常见二极管的外形、文字标识及图形符号如表3-1所示。

表3-1　常见二极管的图形符号及功能

种类		外形结构	文字标识	图形符号	说明
常见普通二极管	整流二极管		VD		整流二极管外壳封装常采用金属壳封装、塑料封装和玻璃封装。由于整流二极管的正向电流较大，所以整流二极管多为面接触型二极管，结面积大、结电容大，但工作频率低
	检波二极管				检波二极管是利用二极管的单向导电性把叠加在高频载波上的低频信号检出来的器件。这种二极管具有较高的检波效率和良好的频率特性

种类		外形结构	文字标识	图形符号	说明
常见普通二极管	稳压二极管		ZD		稳压二极管是由硅材料制成的面结合型二极管，利用 PN 结反向击穿时电压基本上保持恒定的特点达到稳压的目的。主要有塑料封装、金属封装和玻璃封装三种封装形式
	发光二极管		VD 或 LED		发光二极管是一种利用正向偏置时 PN 结两侧的多数载流子直接复合释放出光能的发射器件
	变容二极管		VD		变容二极管是利用 PN 结的电容随外加偏压而变化特性制成的非线性半导体元件，在电路中起电容器的作用。广泛用于超高频电路中的参量放大器、电子调谐及倍频器等高频和微波电路中
	开关二极管				开关二极管是利用半导体二极管的单向导电性，在电路上实现"开"或"关"的控制。这种二极管导通/截止速度非常快，能满足高频和超高频电路的需要，广泛应用于开关及自动控制等电路
	双向触发二极管				双向触发二极管（简称 DIAC）是具有对称性的两端半导体器件。常用来触发双向晶闸管，或用于过压保护、定时、移相电路
	快恢复二极管				快恢复二极管是一种高速开关二极管。这种二极管的开关特性好，反向恢复时间很短，正向压降低，反向击穿电压较高。主要应用于开关电源、PWM 脉宽调制电路以及变频等电子电路中
敏感类二极管	光敏二极管（光电二极管）		VD		光敏二极管又称为光电二极管，其特点是当受到光照射时，二极管反向阻抗会随之变化（随着光照射的增强，反向阻抗会由大到小），利用这一特性，光敏二极管常用作光电传感器件使用。 光敏二极管顶端有能射入光线的窗口，光线可通过该窗口照射到管芯上

2. 二极管的功能

二极管是最早的半导体器件之一，应用非常广泛，具有突出的单向导电特性、伏安特性和击穿特性，利用这些特性二极管在电子产品中可以起到整流、稳压、检波等作用。

【资料链接】

● 二极管的单向导电特性是指正向导通、反向截止的特性，即只允许电流从正极流向负极，而不允许电流从负极流向正极。

● 二极管的伏安特性是指加在二极管两端的电压和流过二极管的电流之间的关系曲

线，如图 3-3 所示。

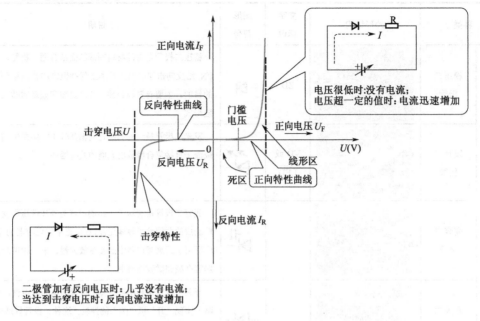

图 3-3　二极管的伏安特性曲线

● 二极管的击穿特性是指当二极管两端的反向电压增大到某一数值，反向电流会急剧
　增大，二极管将失去单方向导电特性，这种状态称为二极管的击穿。

（1）二极管的整流作用

　　由于市电 220 V 电压为交流电压，而很多电子产品只能工作在直流电压条件下，由此，
在很多电子产品的交流输入端利用整流二极管的单向导电特性将交流整流成直流，供给电
子产品使用。

【图文讲解】

　　图 3-4 所示为整流二极管构成的整流电路。可以看到，在交流电压处于正半周时，整
流二极管导通；在交流电压负半周时，整流二极管截止，因而交流电经整流二极管 VD 整
流后就变为脉动直流电压（缺少半个周期），后再经 RC 滤波即可得到比较稳定的直流电压。

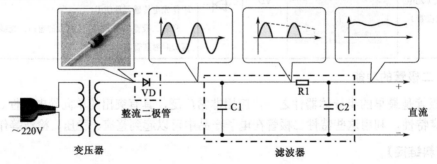

图 3-4　整流二极管构成的整流电路。

（2）二极管的稳压功能

二极管的稳压功能是指能够将电路中的某一点的电压稳定地维持在一个固定值的功

能。二极管中的稳压二极管具有这一突出功能。

【图文讲解】

图 3-5 为由稳压二极管构成的稳压电路。稳压二极管 VD_Z 负极接外加电压的高端，正极接外加电压的低端。当稳压二极管 VD_Z 反向电压接近稳压二极管 VD_Z 的击穿电压值（5 V）时，电流急剧增大，稳压二极管 VD_Z 呈击穿状态，该状态下稳压二极管两端的电压保持不变（5 V），从而实现稳定直流电压的功能。

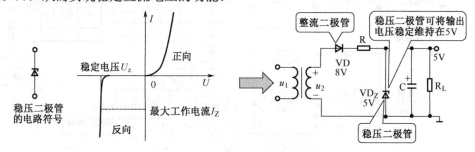

图 3-5　稳压二极管的稳压功能

（3）二极管的检波功能

二极管的检波功能是指能够将调制在高频电磁波上的低频信号检出来的功能。二极管中的检波二极管具有这一突出功能。

【图文讲解】

图 3-6 所示为由检波二极管构成的检波电路。在该电路中，VD 为检波二极管。第二中放输出的调幅波加到检波二极管 VD 负极，由于检波二极管单向导电特性，其负半周调幅波通过检波二极管，正半周被截止，通过检波二极管 VD 后输出的调幅波只有负半周。负半周的调幅波再由 RC 滤波器滤除其中的高频成分，输出其中的低频成分，输出的就是调制在载波上的音频信号，这个过程称为检波。

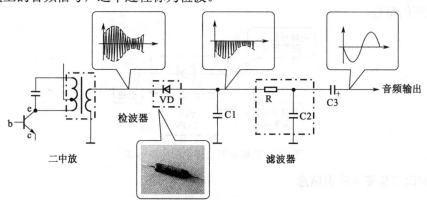

图 3-6　检波二极管的检波功能

技能训练 3.1.2　二极管的电路标识方法

在实际电子产品或设备中，二极管以其实际的外部形态安装在各种各样的电路板上，而在对应该电子产品或设备的电子电路图中，二极管则用专用的图形符号代替，这些图形符号与实际电路板上的二极管实物一一对应。

【图文讲解】

图 3-7 所示为典型电子产品电路图中二极管的电路标识。

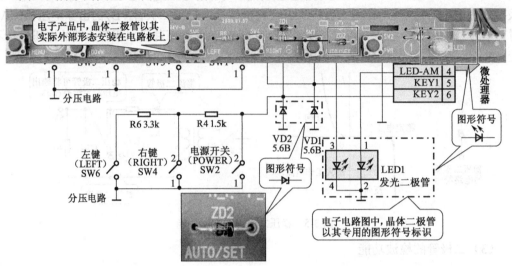

图 3-7　典型电子产品电路图中二极管的电路标识

1. 识别二极管的图形符号和电路标识

二极管在电子电路中的标识通常分为两部分，一部分是图形符号标识二极管的类型，一部分是字母+数字标识二极管在电路中的序号及型号等信息。

【图文讲解】

图 3-8 所示为普通二极管在电子电路图中的图形符号和电路标识。其中图形符号由标识二极管 PN 结的图形构成，文字标识"VD1"表示二极管在电路中的编号，"2AP9" 表示该二极管的型号。

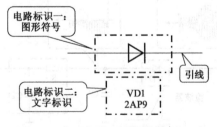

图 3-8　识别典型二极管的电路标识

2. 识读二极管的标识信息

二极管的标识主要有"二极管名称"、"材料/极性"、"类型"、"序号"、"规格号"等相关信息。识读二极管的标识信息，对我们分析、检修电路十分重要。

【图解演示】

图 3-9 所示为典型整流电路中二极管的电路标识。

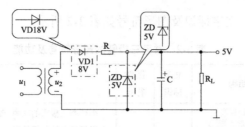

图3-9　典型整流电路中二极管的电路标识

- "——▷|——"在电路中表示普通二极管,"VD1"表示该普通二极管在电路中的名称和序号,"8 V"表示该普通二极管的耐压值为8 V。
- "——▷|——"在电路中表示稳压二极管,"ZD"表示该稳压二极管在电路中的名称和序号,"5 V"表示该稳压二极管可将电压稳定在5 V上。

任务模块 3.2　三极管的电路对应关系

三极管是一种非常典型的半导体元件,它是在一块半导体基片上制作两个距离很近的PN结,这两个PN结把整块半导体分成三部分,中间部分称为基极(b),两侧部分是集电极(c)和发射极(e),是电子电路中非常重要的核心元器件。

新知讲解 3.2.1　认识三极管

1. 三极管的种类

三极管的应用十分广泛、种类繁多,分类方式也多种多样。其中,根据功率的不同,可以分为小功率、中功率和大功率三极管等;根据工作频率的不同,可以分为低频三极管和高频三极管等;根据制造材料的不同,可以分为锗三极管和硅三极管;根据封装形式的不同,可分为金属封装型和塑料封装型三极管。

【图文讲解】

常见的三极管如图3-10所示。

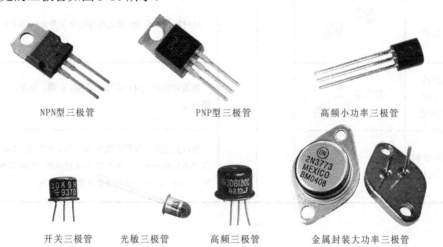

图3-10　常见的三极管

常见三极管的外形、文字标识及图形符号如表 3-2 所示。

表 3-2　常见三极管的图形符号及功能

种类		外形结构	文字标识	图形符号	说明
不同功率的三极管	小功率三极管		VT	(NPN 型) 或 (PNP 型)	小功率三极管的功率 P_C 一般小于 0.3W，它是电子电路中用得最多的三极管之一。 主要用来放大交、直流信号或应用在振荡器、变换器等电路中
	中功率三极管				中功率三极管的功率 P_C 一般在 0.3～1W 之间，这种三极管主要用于驱动电路和激励电路之中，或者是为大功率放大器提供驱动信号。根据工作电流和耗散功率，应采用适当的选择散热方式
	大功率三极管				大功率三极管的功率 P_C 一般在 1W 以上，这种三极管由于耗散功率比较大，工作时往往会引起芯片内温度过高，所以通常需要安装散热片，以确保三极管良好的散热
不同频率的三极管	低频三极管				低频三极管的特征频率 f_T 小于 3MHz，这种三极管多用于低频放大电路，如收音机的功放电路等
	高频三极管				高频三极管的特征频率 f_T 大于 3MHz，这种三极管多用于高频放大电路，混频电路或高频振荡等电路
不同材料的三极管	锗三极管				锗材料制作的 PN 结正向导通电压为 0.2～0.3 V。锗三极管比硅三极管具有较低的饱和压降
	硅三极管				硅材料制作的 PN 结正向导通电压为 0.6～0.7 V
不同封装形式	金属封装三极管				金属封装型三极管主要有 B 型、C 型、D 型、E 型、F 型和 G 型
	塑料封装三极管				塑料封装型三极管主要有 S-1 型、S-2 型、S-4 型、S-5 型、S-6A 型、S-6B 型、S-7 型、S-8 型以及 F3-04 型和 F3-04B 型，目前，以塑料封装型晶体管较为常见

续表

种类		外形结构	文字标识	图形符号	说明
其他三极管	贴片三极管		VT	（NPN型）或（PNP型）	采用表面封装形式的三极管体积小巧，多用于数码产品的电子电路中
	光敏三极管			或	光敏晶体管是一种具有放大能力的光—电转换器件，因此相比光敏二极管，它具有更高的灵敏度。需要注意的是，光敏晶体管既有三个引脚的，也有两个引脚的，使用时要注意辨别，不要误认为两个引脚的光敏三极管为光敏二极管使用

2. 三极管的功能

三极管是一种电流控制器件，其中基极（b）电流最小，且远小于另两个引脚的电流；发射极（e）电流最大（等于集电极电流和基极电流之和）；集电极（c）电流与基极（b）电流之比即为三极管的放大倍数 β。

三极管最重要的功能就是具有电流放大作用，可由基极输入一个很小的电流控制大电流输出。

【图文讲解】

图 3-11 所示为三极管电流放大功能示意图。

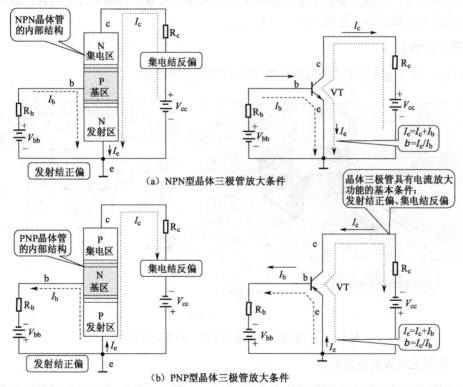

（a）NPN型晶体三极管放大条件

（b）PNP型晶体三极管放大条件

图 3-11　三极管的电流放大功能

【资料链接】

三极管的集电极电流在一定的范围内随基极电流呈线性变化，这就是放大特性，但当基极电流高过此范围时，三极管集电极电流会达到饱和值（导通）而低于此范围则三极管会进入截止状态（断路），利用这种导通或截止的特性，在电路中还可起到开关的作用，如图 3-12 所示。

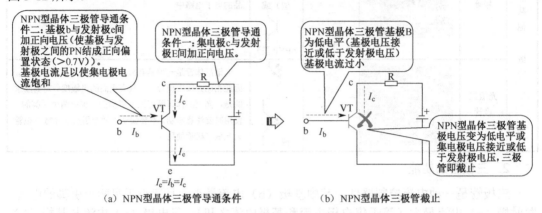

（a）NPN型晶体三极管导通条件 　　　　（b）NPN型晶体三极管截止

图 3-12　三极管的开关功能

技能训练 3.2.2　三极管的电路标识方法

在实际电子产品或设备中，三极管以其实际的外部形态安装在各种各样的电路板上，而在对应该电子产品或设备的电子电路图中，三极管则用专用的图形符号代替，这些图形符号与实际电路板上的三极管实物一一对应。

【图文讲解】

图 3-13 所示为典型电子产品电路图中三极管的电路标识。

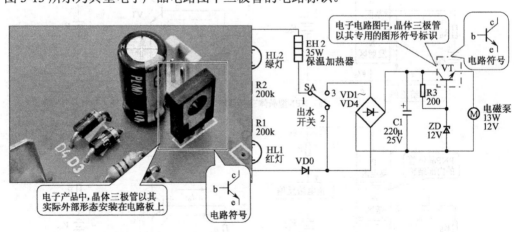

图 3-13　典型电子产品电路图中三极管的电路标识

1. 识别三极管的电路标识

三极管在电子电路中的标识通常分为两部分，一部分是图形符号标识三极管的类型，一部分是字母+数字标识该三极管在电路中的序号及型号等信息。

【图文讲解】

图 3-14 所示为三极管的电路标识方法。可以看到，代表三极管 3 只引脚的 3 根引线与代表 2 个 PN 结的图形构成三极管的图形符号；图形符号旁边的文字标识"VT1"表示该三极管在电子电路图中的名称及编号，"9012"表示该三极管的型号。

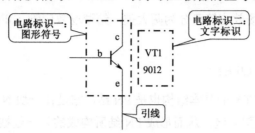

图 3-14 识别三极管的电路标识

2. 识读三极管的标识信息

三极管的标识主要有"三极管产品名称"、"材料/极性"、"类型"、"序号"、"规格号"等相关信息。识读三极管的标识信息，对我们分析、检修电路十分重要。

【图解演示】

图 3-15 所示为典型光控 LED 灯电路中三极管的电路标识。

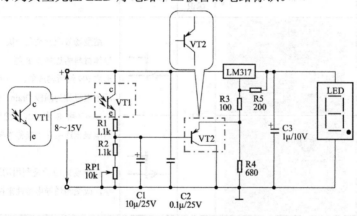

图 3-15 识读三极管的标识信息

- "$\nrightarrow$" 在电路中表示光敏三极管，"VT1"表示该光敏三极管在电路中的名称和序号。

- "$\nrightarrow$" 在电路中表示 PNP 型的三极管，"VT2"表示该 PNP 型的三极管在电路中的名称和序号。

任务模块 3.3　场效应管的电路对应关系

场效应管（Field-Effect Transistor）简称 FET，是一种典型的电压控制型半导体器件，具有输入阻抗高、噪声小、热稳定性好、便于集成等特点，但容易被静电击穿。常应用于小信号高频放大器中，例如收音机的高频放大器、电视机的高频放大器等。

新知讲解 3.3.1 认识场效应管

1. 场效应管的种类

根据结构的不同，场效应管可分为两大类：结型场效应管（JFET）和绝缘栅型场效应管（MOSFET）。

（1）结型场效应管（JFET）

结型场效应管（JFET）的基本结构也是 PN 结，它是在一块 N 型（或 P 型）半导体材料两边制作 P 型（或 N 型）区，从而形成 PN 结所构成的。一般被用于音频放大器的差分输入电路及调制、放大、阻抗变换、稳流、限流、自动保护等电路。

结型场效应管按其导电沟道可分为 N 沟道和 P 沟道两种，不同类型结型场效应管相对应的图形符号也有所区别。常见结型场效应管的外形、文字标识及图形符号如表 3-3 所示。

表 3-3 常见结型场效应管的图形符号及功能

种类		外形结构	文字标识	图形符号	说明
结型场效应管	结型 N 沟道场效应管		VT		结型场效应管是在一块 N 型（或 P 型）半导体材料两边制作 P 型（或 N 型）区，从而形成 PN 结所构成的。与中间半导体相连接的两个电极称为漏极 Drain（用 D 表示）和源极 Source（用 S 表示），而把两侧的半导体引出的电极相连接在一起称为栅极 Gat（用 G 表示）。
	结型 P 沟道场效应管				结型场效应管是利用沟道两边的耗尽层宽窄，改变沟道导电特性来控制漏极电流的

（2）绝缘栅型场效应管（MOSFET）

绝缘栅型场效应管（MOSFET）由金属、氧化物、半导体材料制成，通常简称 MOS 场效应管。一般被用于音频功率放大，开关电源、逆变器、电源转换器、镇流器、充电器、电动机驱动、继电器驱动等电路。

绝缘栅型场效应管按其工作方式的不同分为耗尽型和增强型，同时又都有 N 沟道及 P 沟道之分，不同类型绝缘栅型场效应管相对应的图形符号也有所区别。常见绝缘栅型场效应管的外形、文字标识及图形符号如表 3-4 所示。

表 3-4 常见绝缘栅型场效应管的图形符号及功能

种类		外形结构	文字标识	图形符号	说明
绝缘栅型场效应管	N 沟道增强型场效应管		VT	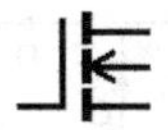	绝缘栅型场效应管（MOSFET）由金属、氧化物、半导体材料制成，通常简称 MOS 场效应管。 绝缘栅型场效应管是利用感应电荷的多少，改变沟道导电特性来控制漏极电流的。它与结型场效应管的外形相同，只是型号标记不同 MOS 场效应管一般被用于音频功率放大、开关电源、逆变器、电源转换器、镇流器、充电器、电动机驱动、继电器驱动等电路
	P 沟道增强型场效应管			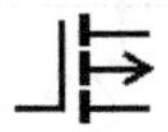	
	N 沟道耗尽型场效应管	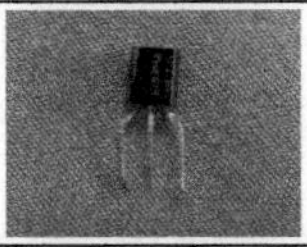		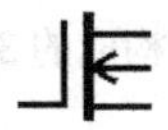	
	P 沟道耗尽型场效应管	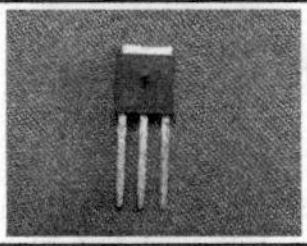		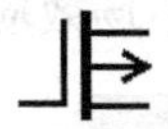	
	耗尽型双栅N 沟道场效应管			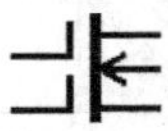	
	耗尽型双栅P 沟道场效应管			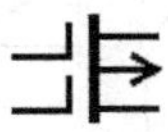	

【提示】

场效应管有三只引脚，分别为漏极（D）、源极（S）、栅极（G）与普通晶体三极管做一对照，分别对应晶体三极管的集电极（c），发射极（e），基极（b）。两者的区别是：晶体三极管是电流控制器件，而场效应管是电压控制器件。

2. 场效应管的功能

场效应管的功能与晶体三极管相似，可用来制作信号放大器、振荡器和调制器等。由场效应管组成的放大器基本结构有 3 种，即共源极（S）放大器、共栅极（G）放大器和共漏极（D）放大器。

【图文讲解】

图 3-16 所示为由场效应管构成的 3 种放大器的基本结构。由于场效应管是一种电压控制器件，栅极不需要控制电流，只需要有一个控制电压就可以控制漏极和源极之间的电流。

技能训练 3.3.2 场效应管的电路标识方法

在实际电子产品或设备中，场效应管以其实际的外部形态安装在各种各样的电路板上，而在对应于该电子产品或设备的电子电路图中，场效应管则用专用的图形符号代替，这些图形符号与实际电路板上的场效应管实物——对应。

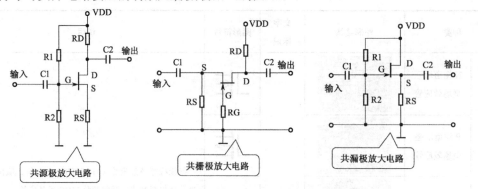

图 3-16　由场效应管构成的 3 种放大器的基本结构

【图文讲解】

图 3-17 所示为典型电子产品电路图中场效应管的电路标识。

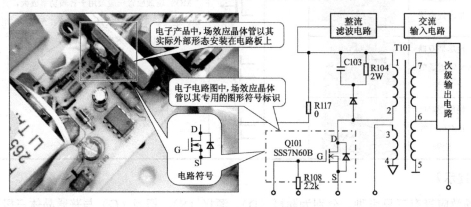

图 3-17　电典型电子产品电路图中场效应管的电路标识

1. 识别场效应管的电路标识

场效应管在电子电路中的标识通常分为两部分，一部分是图形符号标识晶体三极管的类型，一部分是字母+数字标识该场效应管在电路中的序号及型号等信息。

【图文讲解】

图 3-18 所示为场效应管的电路标识方法。可以看到，代表场效应管 3 只引脚的 3 根引线与图形构成场效应管的图形符号；图形符号旁边的文字标识"VT1"表示该场效应管在电子电路图中的名称及编号，"2SK439D"表示该场效应管的型号。

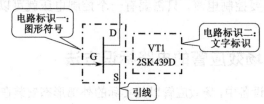

图 3-18　识别典型场效应管的电路标识

2．识读场效应管的标识信息

场效应管的标识主要有"极性、材料"、"类型"、"规格号"等相关信息。识读场效应管的标识信息，对我们分析、检修电路十分重要。

【图解演示】

图 3-19 所示为典型收音机电路中场效应管的电路标识。

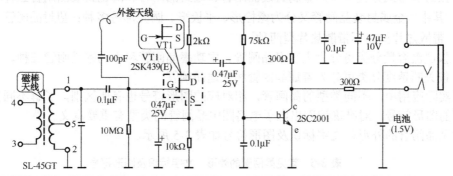

图 3-19　典型收音机电路中场效应管的电路标识

- ""在电路中表示结型场 N 沟道效应晶体管，"VT1"表示该结型场效应管在电路中的名称及序号。"2SK439（E）"表示该结型场效应管的型号。

任务模块 3.4　晶闸管的电路对应关系

新知讲解 3.4.1　认识晶闸管

1．晶闸管的种类

晶闸管是晶体闸流管的简称，它是一种可控整流半导体器件，也称为可控硅。晶闸管在一定的电压条件下，只要有一触发脉冲就可导通，触发脉冲消失，晶闸管仍然能维持导通状态，可以微小的功率控制较大的功率，因此常作为电动机驱动控制、电动机调速控制、电量通断、调压、控温等的控制器件，广泛应用于电子电器产品、工业控制及自动化生产领域。

【图文讲解】

图 3-20 所示为几种典型的晶闸管实物外形。

图 3-20　典型的晶闸管实物外形

【资料链接】

晶闸管的类型较多，分类方式也多种多样。例如，

- 按关断、导通及控制方式分类可分为普通单向晶闸管、双向晶闸管、逆导晶闸管、可关断晶闸管、BTG晶闸管、温控晶闸管和光控晶闸管等多种。
- 按引脚和极性分类可分为二极晶闸管、三极晶闸管和四极晶闸管。
- 按封装形式分类可分为金属封装晶闸管、塑封晶闸管和陶瓷封装晶闸管三种类型。其中，金属封装晶闸管又分为螺栓形、平板形、圆壳形等多种；塑封晶闸管又分为带散热片型和不带散热片型两种。
- 按电流容量分类可分为大功率晶闸管、中功率晶闸管和小功率晶闸管三种。
- 按关断速度分类可分为普通晶闸管和快速晶闸管。

在实际应用中，不同类型的晶闸管，相对应的图形符号也有所区别，了解不同类型的晶闸管的图形符号，对准确识别出电子电路图中晶闸管的类型有重要意义。

常见晶闸管的外形、文字标识及图形符号如表3-5所示。

表3-5　常见晶闸管的外形、文字标识及图形符号

种类		外形结构	文字标识	图形符号	说明
单向晶闸管	阳极侧受控单向晶闸管	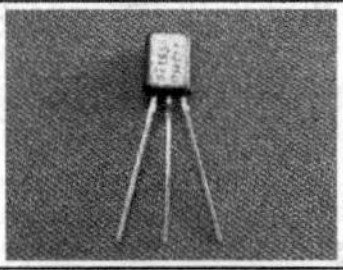	V 或 VS	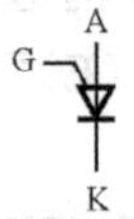	单向晶闸管（SCR）是P-N-P-N4层3个PN结组成的，它被广泛应用于可控整流、交流调压、逆变器和开关电源电路中。单向晶闸管阳极A与阴极K之间加有正向电压，同时控制极G与阴极间加上所需的正向触发电压时，方可被触发导通。触发脉冲消失，仍维持导通状态
	阴极侧受控单向晶闸管				
双向晶闸管					双向晶闸管属于N-P-N-P-N共5层半导体器件，在结构上相当于两个单向晶闸管反极性并联。双向晶闸管可允许两个方向有电流流过，常用在交流电路调节电压、电流，或用作交流无触点开关
单结晶体管		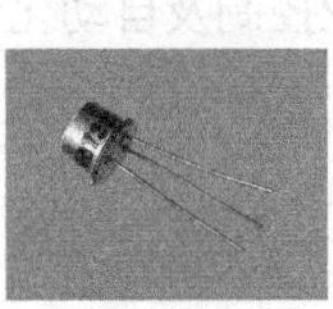		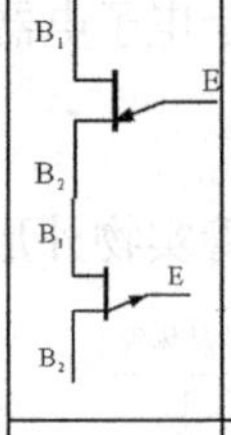	单结晶体管（UJT）也称为双基极二极管。从结构功能上类似晶闸管，它是由一个PN结和两个内电阻构成的三端半导体器件，有一个PN结和两个基极。 单结晶体管广泛用于振荡、定时、双稳电路及晶闸管触发等电路
可关断晶闸管	阳极受控可关断晶闸管			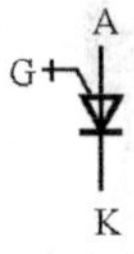	可关断晶闸管GTO（Gate Turn-Off Thyristor）亦称门控晶闸管、门极关断晶闸管。其主要特点是当门极加负向触发信号时晶闸管能自行关断
	阴极受控可关断晶闸管				

种类	外形结构	文字标识	图形符号	说明
快速晶闸管			A G ⊿ K	快速晶闸管是可以在 400 Hz 以上频率工作的晶闸管。其开通时间为 4～8us，关断时间为 10～60us。主要用于较高频率的整流、斩波、逆变和变频电路
螺栓型晶闸管			或 A G ⊿ K	螺栓型晶闸管与普通单向晶闸管相同，只是封装形式不同。这种结构只是便于安装在散热片上，工作电流较大的晶闸管多采用这种结构形式

2．晶闸管的功能

晶闸管是一种非常重要的功率器件，主要特点是通过小电流实现高电压、高电流的控制，在实际应用中主要作为可控整流器件和可控电子开关使用。

（1）晶闸管作为可控整流器件使用

晶闸管可与整流器件构成调压电路，使整流电路输出电压具有可调性。

【图文讲解】

图 3-21 所示为晶闸管构成的典型调压电路。可以看到，220V 交流电压经桥式整流电路后，通过 R1、R2 以及 RP 为电容器 C 充电。当电压达到单结晶体管峰点电压时，VT 导通，电容器 C 通过 VT 的发射极、基极 B2 和 R2 后迅速放电，给晶闸管 VS 一个触发信号，晶闸管导通。晶闸管导通后其正向压降很低，当整流后的电压第一个正半周达到最低点时，晶闸管 VS 自动关断，等待下一个正半周到来。

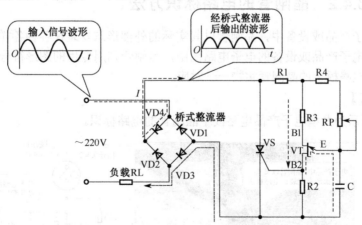

图 3-21 晶闸管构成的典型调压电路

（2）晶闸管作为可控电子开关使用

在很多电子或电器产品电路中，晶闸管在大多情况下起到可控电子开关的作用，即在电路中由其自身的导通和截止来控制电路接通、断开。

【图文讲解】

图 3-22，所示为晶闸管在洗衣机的排水系统中的典型应用。在该电路中，洗衣机微处理器芯片输出控制信号使 VT7 导通，并经 VT7 放大后，送往双向晶闸管 TR5 的控制极，触发双向晶闸管导通。TR5 导通后，交流 220V 电压经 TR5 为排水组件 CS 供电，使其得电工作，洗衣机开始排水；当双向晶闸管 TR5 触发信号消失，同时交流电压换向时，TR5 截止，排水组件失电，洗衣机停止排水。

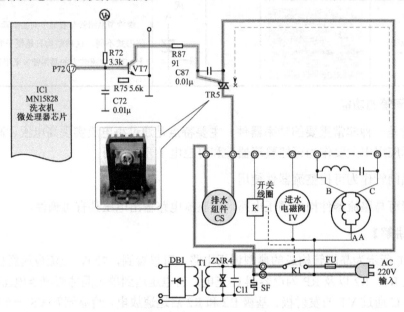

图 3-22　晶闸管作为可控电子开关的典型应用

技能训练 3.4.2　晶闸管的电路标识方法

在实际电子产品或设备中，晶闸管以其实际的外部形态安装在各种各样的电路板上，而在对应于该电子产品或设备的电子电路图中，晶闸管则用专用的图形符号代替，这些图形符号与实际电路板上的晶闸管实物一一对应。

【图文讲解】

图 3-23 所示为典型电子产品电路板中晶闸管的电路标识。

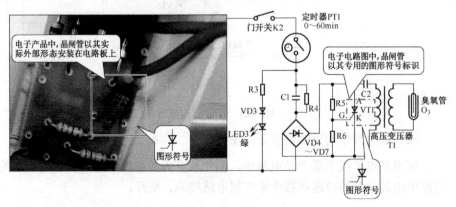

图 3-23　典型电子产品电路板中晶闸管的电路标识

1．识别晶闸管的电路标识

晶闸管在电子电路中的标识通常分为两部分，一部分是图形符号标识晶闸管的类型，一部分是字母+数字标识该晶闸管在电路中的序号及型号等信息。

【图文讲解】

图 3-24 所示为晶闸管的电路标识方法。可以看到，代表晶闸管 3 只引脚的 3 根引线与特殊图形构成晶闸管的图形符号；图形符号旁边的文字标识"VS1"表示该晶闸管在电子电路图中的名称及编号，"7152"表示该晶闸管的型号。

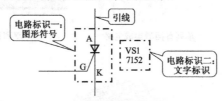

图 3-24　识别晶闸管的电路标识

2．识读晶闸管的标识信息

晶闸管的标识主要有"产品名称"、"类型"、"额定通态电流值"、"重复峰值电压级数"等相关信息。识读晶闸管的标识信息，对我们分析、检修电路十分重要。

【图解演示】

图 3-25 所示为典型光控报警灯电路中晶闸管的电路标识。

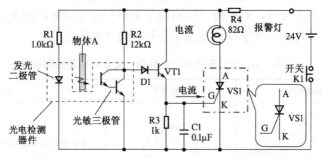

图 3-25　典型光控报警灯电路中晶闸管的电路标识

● ""在电路中表示阴极受控的单向晶闸管，"VS1"表示该晶闸管在电路中的名称和序号，"A、G、K"分别表示晶闸管的三个电极。

任务模块 3.5　集成电路的电路对应关系

新知讲解 3.5.1　认识集成电路

1．集成电路的种类

集成电路英文写为 Integrated Circuits，缩写为 IC，它是将一个单元电路或多个单元电路的主要元件或全部元件都集成在一个单晶硅片上，并封装在特制外壳中的，具备一定功能的完整电路。它作为一种常用电气部件，在电子产品中有着广泛的应用。

【图文讲解】

图 3-26 所示为电子产品中几种常见的集成电路。

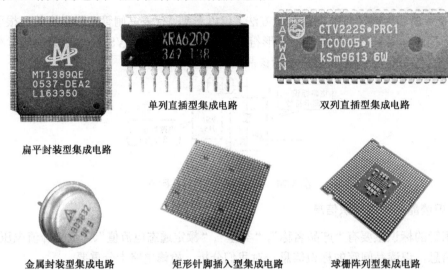

图 3-26　电子产品中常见的集成电路

在实际应用中，集成电路的类型多种多样，相对应的图形符号也有所区别，了解不同类型的集成电路的图形符号，对准确识别出电子电路图中集成电路的类型有重要意义。

常见集成电路的外形、文字标识及图形符号如表 3-6 所示。

表 3-6　常见集成电路的外形、文字标识及图形符号

种类	外形结构	图形符号	说明
金属封装型集成电路（IC）			金属封装型集成电路多为金属圆帽型，功能较为单一，引脚数较少
功率塑封式集成电路（IC）			功率塑封式集成电路一般只有一列引脚，引脚数目较少一般也为3～16只。 其内部电路简单，且都是用于大功率的电路；通常都设有散热片，可以贴装在其他金属散热片上，通常情况下其引脚也不进行特殊的弯折处理
单列直插型集成电路（IC）			单列直插式集成块内部电路相对比较简单。其引脚数较少（3至16只），只有一排引脚。这种集成电路造价较低，安装方便。小型的集成电路多采用这种封装形式

续表

种类	外形结构	图形符号	说明
双列直插式集成电路（IC）	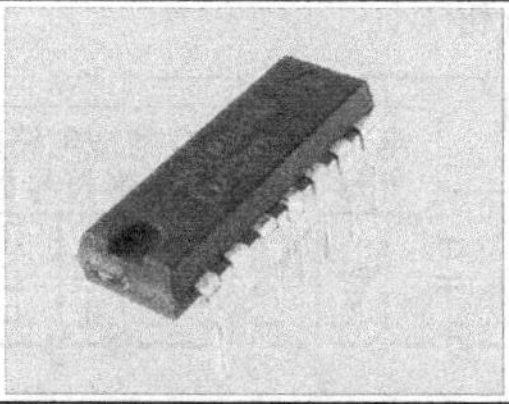	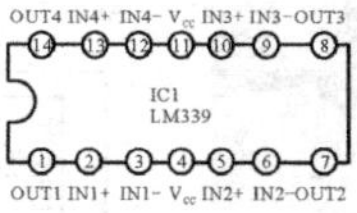 OUT4 IN4+ IN4- V_cc IN3+ IN3- OUT3　IC1　LM339　OUT1 IN1+ IN1- V_ee IN2+ IN2- OUT2	双列直插型集成电路多为长方形结构，两排引脚分别由两侧引出，这种集成电路内部电路较复杂，一般采用陶瓷塑封，耐高温好，安装比较方便，应用广泛，其引脚通常情况下都是直的，没有进行特殊的弯折处理
双列表面安装式集成电路（IC）	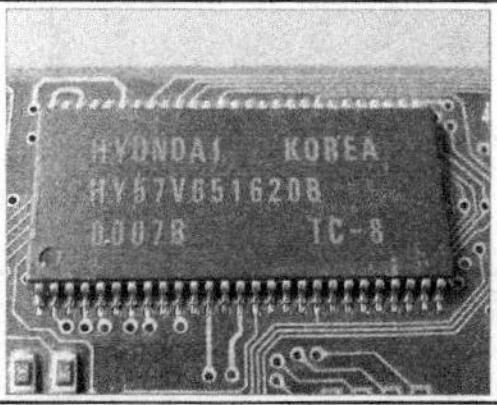	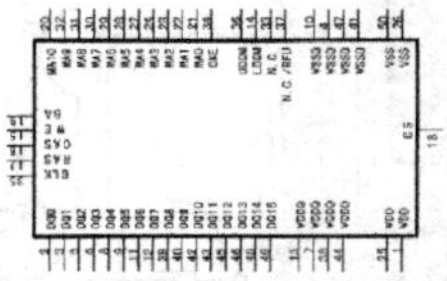	双列表面安装式集成电路的引脚是分布在两侧的，引脚数目较多一般为5～28只。双列表面安装式集成电路引脚很细，有特殊的弯折处理，便于粘贴在电路板上
扁平封装型集成电路（IC）	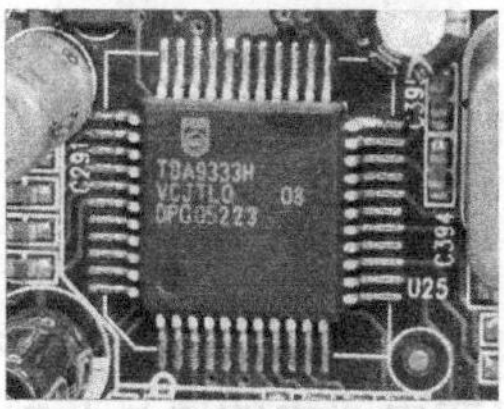	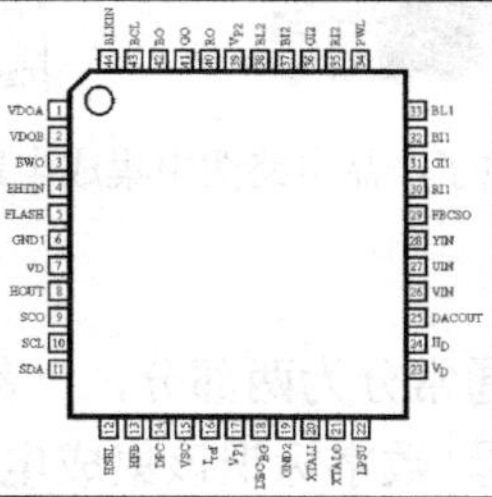	扁平封装型集成电路的引脚数目较多，且引脚之间的间隙很小。主要通过表面安装技术安装在电路板上。这种集成电路在数码产品中十分常见，其功能强大，体积较小，检修和更换都较为困难（需使用专业工具）
矩形针脚插入型集成电路（IC）	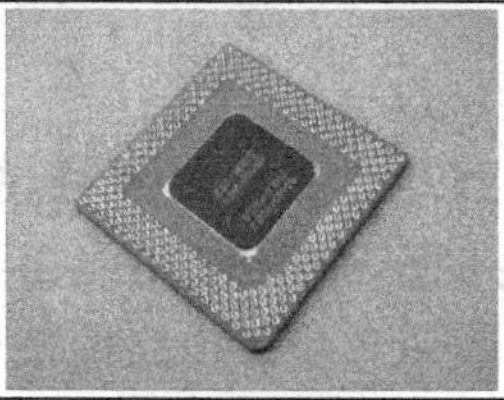		矩形针脚插入型集成电路的引脚很多，内部结构十分复杂，功能强大，这种集成电路多应用于高智能化的数字产品中。如计算机中的中央处理器多采用针脚插入型封装形式
球栅阵列型集成电路（IC）	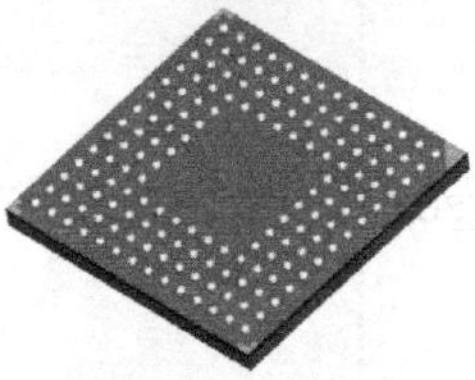		球栅阵列型集成电路体积小、引脚在集成电路的下方（因此在集成电路四周看不见引脚），形状为球形，采用表面贴片焊装技术，被广泛应用在小型数码产品之中。如新型手机的信号处理集成电路

2. 集成电路的功能

由于集成电路是由多种元器件组合而成的，不仅大大提高了集成度，降低了成本，更进一步扩展了功能。

集成电路的功能多种多样，且具体功能根据其内部结构的不同而不同。在实际应用中，集成电路往往起着控制、放大、转换（D/A 转换、A/D 转换）、信号处理以及振荡等功能。

技能训练 3.5.2　集成电路的电路标识方法

在实际电子产品或设备中，集成电路以其实际的外部形态安装在各种各样的电路板上，而在对应于该电子产品或设备的电子电路图中，集成电路则用专用的图形符号代替，这些图形符号与实际电路板上的集成电路实物一一对应。

【图文讲解】

图 3-27 所示为典型电子产品电路图中集成电路的电路标识。

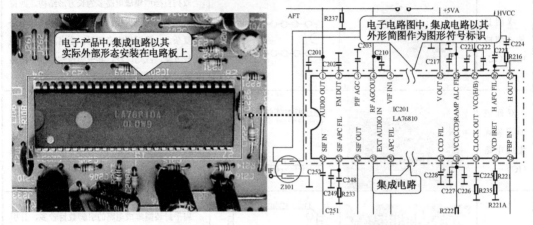

图 3-27　典型电子产品电路图中集成电路的电路标识

1. 识别集成电路的电路标识

集成电路在电子电路中的标识通常分为两部分，一部分是图形符号标识集成电路的引脚个数、引脚功能等，一部分是字母+数字标识该集成电路在电路中的序号及型号等信息。

【图文讲解】

图 3-28 所示为典型集成电路的电路标识方法。可以看到，集成电路由特定的图形符号标识，通过图形符号可以识别集成电路的引脚个数、功能等；图形符号旁边的文字标识"IC1"表示该集成电路在电子电路图中的名称及编号，"NE555"表示该集成电路的型号。

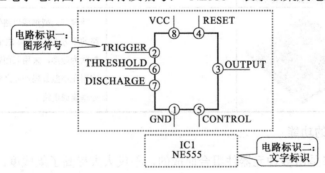

图 3-28　识别典型集成电路的电路标识

2. 识读集成电路的标识信息

集成电路的标识主要有"产品名称"、"类型"等相关信息。识读集成电路的标识信息，对我们分析、检修电路十分重要。

【图解演示】

典型功放电路中集成电路的电路标识如图 3-29 所示。

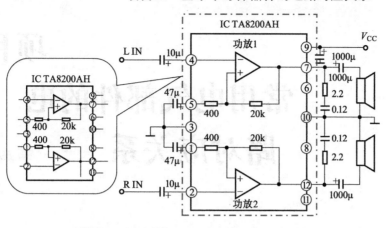

图 3-29　典型功放电路中集成电路的电路标识

● 带圈码的矩形框表示该集成电路的图形符号，相当于该集成电路的外形简化图，"IC1"表示该集成电路在电路中的名称和序号，"TA8200AH"表示该集成电路的型号，图形符号内部的元器件及连接线表示了该集成电路的内部结构。

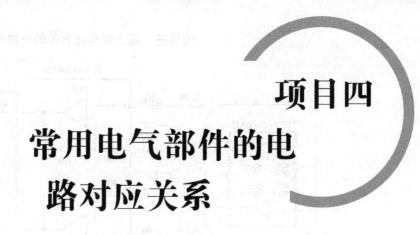

项目四

常用电气部件的电路对应关系

在电子产品中，除了基本电子元器件、半导体器件外，还常用到一些电器部件，如按键、开关、电动机、变压器、电动机等，这些器件在电子电路中的应用十分广泛。学习电子电路识图，也需要熟悉这些常用电气部件的图形符号和电路标识，明确其电路对应关系。

任务模块 4.1　按键、开关的电路对应关系

新知讲解 4.1.1　认识按键、开关

按键、开关在几乎所有的电子产品中都有应用，是电子产品实现控制的基础部件。不同类型的开关部件，其结构存在差异，所实现的功能也各不相同。电子产品会根据功能需求选择适合的按键、开关。

按键、开关的种类繁多，在电子产品中，按照控制方式划分，主要有按动式开关、滑动型开关、旋转式开关等。不同类型的按键、开关的结构不同，但其原理基本相似。

1. 按动式开关

按动式开关又称为按钮，是一种通过按下和松开实现触点通断的开关。按动式开关的电路符号是"E\\"，在电路中的文字标识通常为"S"。

【图文讲解】

目前常见的按动式开关主要有按钮开关、直键开关、船形开关和微动开关几种，如图 4-1 所示。

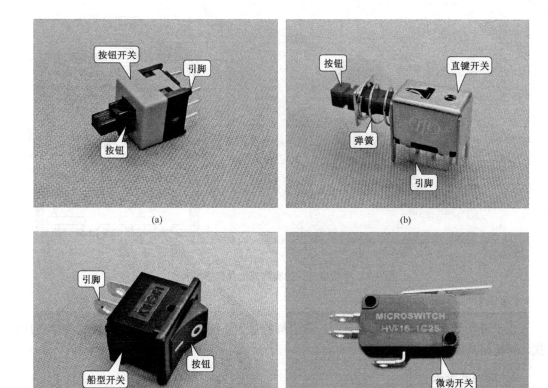

图 4-1　常见的按动式开关

- 按钮开关是通过按动键帽，使开关接触或断开，从而达到电路切换的目的，主要应用于电信设备、电话机、计算机及各种家电产品中。
- 直键开关采用积木组合式结构，通过摩擦接触的形式切换电子电路。
- 船形开关多为单刀多掷或多刀多掷。船形开关主要用在电源电路及工作状态电路的切换。
- 微动开关可作机械量和电信号的转换元件，在不同的设备中实现不同的功能。

【提示】

根据产品的不同，按动式开关分为常开型和常闭型。常开型按动式开关是在操作前处于断开状态，按下时触点闭合，放松后，按钮自动复位。常闭型按动式开关是在操作前处于闭合状态，按下时触点断开，放松后，按钮自动复位。

2. 滑动型开关

滑动型开关又称拨动型开关，是一种带有滑动杆和导体的开关。操作时，通过滑动杆带动导体动作，改变开关状态的一种控制部件。

【图文讲解】

图 4-2 所示为滑动型开关的实物外形及内部结构。

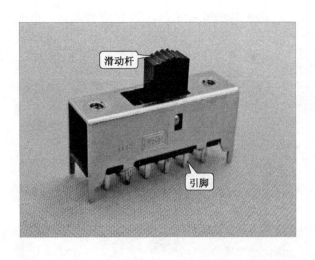
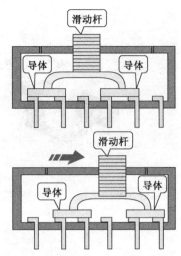

图4-2 滑动型开关的实物外形及内部结构图

【提示】

由于滑动型开关的应用场合不同，其引脚数量也不同，因此其图形符号没有特定的形式，可根据具体电路进行识读。

3. 旋转式开关

旋转式开关是一种通过转动转柄，实现开关通断功能的开关。

【图文讲解】

目前常见的旋转式开关主要有波段转换开关和刷形开关，如图4-3所示。

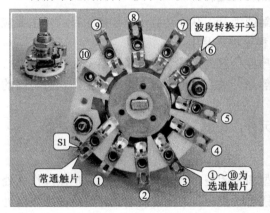

图4-3 常见的旋转式开关

- 波段转换开关最早用于收音机的波段切换器件，后来扩展应用到各种电子产品中，波段转换开关主要以切入或咬合的形式实现电子电路的通断情况。例如，当触点位于①脚的位置，S1与①脚接通。若转柄将触点转至②脚的位置，则S1与②脚接通，以此类推。
- 刷形开关主要分为多刀、多层等不同规格。万用表中的功能旋钮多为刷形开关。

技能训练 4.1.2　按键、开关的电路标识方法

在实际电子产品或设备中，按键、开关以其实际的外部形态安装在电路板上，而在对应该电子产品或设备的电子电路图中，按键、开关用其图形符号和电路标识体现。

【图文讲解】

图 4-4 所示为典型电子产品电路图中按键、开关的电路标识。可以看到，当按下按钮开关 S801 后，电路即可接通，交流 220V 市电经熔断器 T801 送入电源电路中。

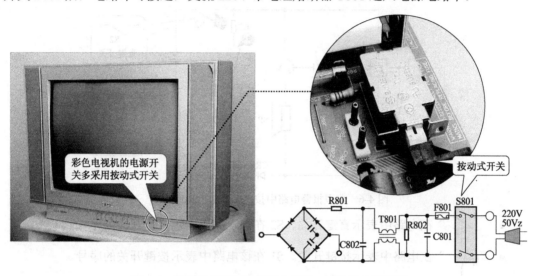

图 4-4　典型电子产品电路图中按键、开关的电路标识

1. 识别按键、开关的电路标识

按键、开关在电子电路中的标识通常分为两部分，一部分是图形符号，可以体现出电按键、开关的基本类型；一部分是字母+数字，通常标识在按键、开关图形符号旁边，表示按键、开关的名称、序号等信息。

【图文讲解】

图 4-5 所示为按键、开关在电子电路图中的图形符号和电路标识。其中，图形符号体现了按键、开关的基本类型；引线与电子电路图中的电路线连通，构成电子线路。文字标识"S10"表示按键、开关在电路中的编号。

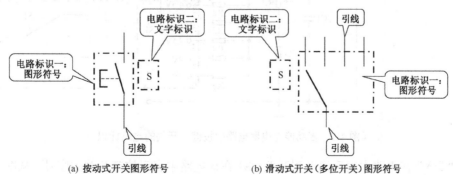

(a) 按动式开关图形符号　　　(b) 滑动式开关（多位开关）图形符号

图 4-5　识别典型按键、开关的电路标识

2. 识读按键、开关的标识信息

按键、开关的标识主要有"按键、开关名称标识"、"材料"、"类型"、"序号"、"允许偏差"等相关信息。识读按键、开关的标识信息，对我们分析、检修电路十分重要。

（1）报警电路中按键、开关标识信息的识读演练

【图解演示】

图 4-6 所示为典型报警电路中按键、开关电路的电路标识。

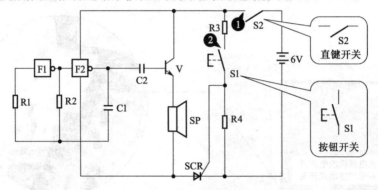

图 4-6 典型报警电路中按键、开关的电路标识

- "⟍ S2"在电路中表示直键开关。S2 在该电路中表示直键开关的序号。

- "E-⟍ S1"在电路中表示按键开关。S1 在该电路中表示按键开关的序号。

（2）多功能充电器电路中按键、开关标识信息的识读演练

【图解演示】

图 4-7 所示为多功能充电器电路中按键、开关的电路标识。

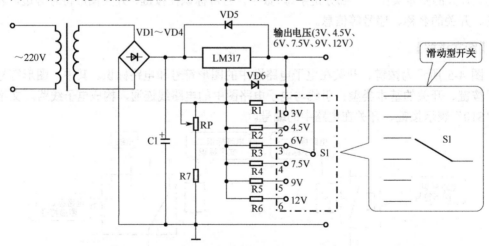

图 4-7 多功能充电器电路中按键、开关的电路标识

- "E-⟍"在电路中表示滑动型开关。S1 在该电路中表示按键开关的序号，从图中可以看到该滑动型开关具有 6 个挡位，可在电路中分别连接，实现不同电压值的输出。

任务模块 4.2　电动机的电路对应关系

电动机是一种利用电磁感应原理将电能转换为机械能的动力部件。

新知讲解 4.2.1　认识电动机

1．电动机的种类

在实际应用中，不同应用场合下，电动机的种类多种多样，分类方式也各式各样。应用在电子产品中的电动机一般按照电动机供电类型不同，将电动机分为直流电动机和交流电动机两大类。

（1）直流电动机

直流电动机其实是对采用直流供电的旋转电动机的一种统称。大部分小型电子产品中的电动机都是直流电动机。

【图文讲解】

图 4-8 所示为典型直流电动机的实物外形。

图 4-8　常见直流电动机的实物外形

直流电动机由于其具有良好的可控性能，因此很多对调速性能要求较高的电子产品中都采用了直流电动机作为动力源。如电磁炉中的散热风扇电动机、影碟机中的主轴电动机、进给电动机、电动玩具中的驱动电动机、车载吸尘器电动机、电动缝纫机驱动电动机、电动剃须刀驱动电动机、电动自行车的驱动电动机等。

【资料链接】

直流电动机的种类多样，根据不同依据可以划分为多种类型：

一般按照定子磁场的不同,可以分为永磁式直流电动机和电磁式直流电动机。

● 永磁式直流电动机的定子磁极是由永久磁体组成的,利用永磁体提供磁场,使转子在磁场的作用下旋转。

● 电磁式直流电动机的定子磁极是由铁芯和线圈绕制而成的,在直流电流的作用下,定子绕组产生磁场,驱动转子旋转。

按照结构的不同,可以分为有刷直流电动机和无刷直流电动机。

● 有刷电动机内部设有定子、转子、绕组、电刷和换向器等,其中,定子是永磁体,绕组绕在转子铁芯上。工作时绕组和换向器旋转,直流电源通过电刷为转子上的绕组供电。

● 无刷电动机不需要电刷供电。绕组设置在定子上。控制加给定子绕组的信号,使之形成旋转磁场,通过磁场作用使转子旋转,属于电子换向方式。

按功能特点的不同,可以分为步进电动机和伺服电动机。

● 步进电动机是将电脉冲信号转变为角位移或线位移的开环控制器件。在负载正常的情况下,电动机的转速,停止的位置(或相位)只取决于驱动脉冲信号的频率和脉冲数。不受负载变化的影响。

● 伺服是英文 Servo 的译音,伺服系统是指具有反馈环节的自动控制系统,该系统中的电动机是动力元件,所以这种电动机又被称之为伺服电动机。伺服电动机中又有直流电动机、交流电动机和步进电动机。

(2)交流电动机

交流电动机是通过交流电源供给电能,并可将电能转换为机械能的一类电动机。

【图文讲解】

图 4-9 所示为几种典型交流电动机的实物外形。交流电动机一般具有输出转矩大、运行可靠、负载能力强的特点。

图 4-9 几种典型交流电动机的实物外形

交流电动机根据供电方式的不同，可分为单相交流电动机和三相交流电动机两大类。其中，电子产品中多为单相交流电动机。

【图文讲解】

单相交流电动机是利用单相交流电源供电方式提供电能，该类电动机根据转动速率与电源频率关系的不同，可以分为同步和异步两种。图4-10为典型单相交流电动机的实物外形和典型应用。

图 4-10　典型单相交流电动机的实物外形

单相交流同步电动机的转动速度与供电电源的频率保持同步，其速度不随负载的变化而变化，多用于对转速有一定要求的自动化仪器和生产设备中。

单相交流异步电动机的转速与电源供电频率不同步，具有输出转矩大、成本低等特点，多用于一些家用电子产品中，如洗衣机、电风扇、吸尘器、豆浆机、榨汁机、电吹风等内部的驱动电动机以及电冰箱、空调器压缩机电动机。

2. 电动机的功能

电动机的主要功能就是实现电能向机械能的转换，即将供电电源的电能转换为电动机转子转动的机械能，产生转矩带动负载转动。

【图文讲解】

图 4-11 所示为电动机基本功能示意图。可以看到，电动机就是将电源供给的电能转换为转轴转动的机械能，并通过传送带、齿轮等传动部件将机械能传送出去，最终带动负载实现转动、左右移动、升降等动作。

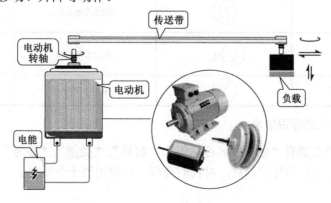

图 4-11　电动机基本功能示意图

技能训练 4.2.2 电动机的电路标识方法

1. 识别电动机的电路标识

电动机在电子电路中有特殊的电路标识，电动机种类不同，电路标识也有所区别，我们在对电子电路识读时，通常会先从电路标识入手，了解电动机的种类和功能特点。

【图解】

图 4-12 为几种典型电动机的电路标识。

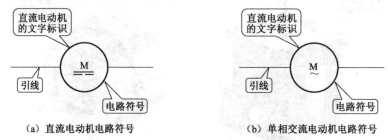

（a）直流电动机电路符号　　　　　　　　（b）单相交流电动机电路符号

图 4-12　识别典型电动机的电路标识

电路符号表明了电动机的类型；引线由电路符号两端伸出，与电路图中的电路线连通，构成电子线路；标识信息通常提供了电动机的类别、在该电路图中的序号以及电动机等参数信息。

【资料链接】

在实际应用中，电动机的图形符号标识根据类型不同也不相同。常见电动机图形符号如表 4-1 所示。

表 4-1　常见电动机图形符号

名称	图形	名称	图形
电动机	*可用字母 M、G等字母代换	并励式电动机	
直流电动机		串励式电动机	
步进电动机		他励式电动机	
手摇发电机		复励式电动机	
单相异步电动机		三相异步电动机	

2. 识读电动机的标识信息

电动机的标识主要有"电动机名称标识"、"材料"、"类型"、"序号"、"允许偏差"等相关信息。识读电动机的标识信息，对我们分析、检修电路十分重要。

（1）电热饮水机中电动机电路标识的识读演练

【图解演示】

图 4-13 所示为典型电热饮水机电路中电动机的电路标识。

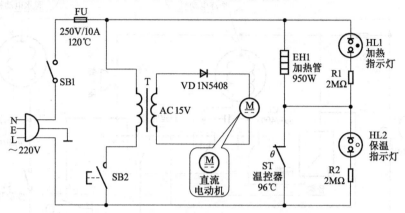

图 4-13　典型电热饮水机电路中电动机的电路标识

- "Ⓜ" 在电路中表示直流电动机，"M" 为其文字标识，"━━" 表示直流，一般可省略不画出，可通过电路供电电压的类型识别。

（2）转叶风扇电路中电动机电路标识的识读演练

【图解演示】

图 4-14 所示为典型转叶风扇电动机驱动电路中电动机的电路标识。

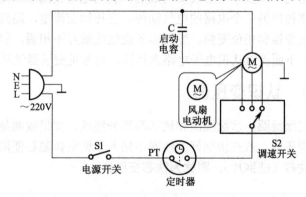

图 4-14　典型转叶风扇电动机驱动电路电动机的电路标识

- "Ⓜ" 在电路中表示单相交流电动机，"M" 为其文字标识，"～" 表示单相交流。

（3）洗衣机电路中电动机电路标识的识读演练

【图解演示】

图 4-15 所示为典型洗衣机电路中电动机的电路标识。

- "Ⓜ" 在电路中表示单相交流电动机，这一符号并不是国标符号，而是示意性地将单相交流电动机内部的绕组体现出来，对识读电路的连接关系很有帮助。

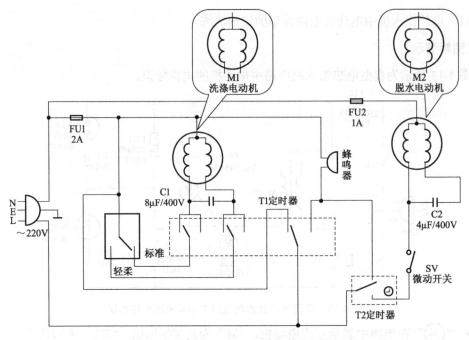

图 4-15　典型洗衣机电路中电动机的电路标识

任务模块 4.3　变压器的电路对应关系

变压器是一种由两个或多个电感线圈构成的，利用电感线圈靠近时的互感原理，将电能或信号从一个电路传向另一个电路的电气部件。它传输交流电，隔离直流电，并可同时实现电压变换、阻抗变换和相位变换，变压器各绕组线圈互不相通，但交流电压可以通过磁场耦合进行传输。下面就以认识电子电路为目标，对常见变压器做系统介绍。

新知讲解 4.3.1　认识变压器

变压器主要由初级线圈、次级线圈和铁芯等部分组成。如果线圈是空心的，所构成的变压器则称为空心变压器，若在绕制好的线圈中插入了铁氧体磁芯便构成了磁芯变压器，如果在线圈中插入铁芯（硅钢片），则称为铁芯变压器。

【图文讲解】

常见的变压器实物外形如图 4-16 所示。

1. 变压器的种类

变压器是利用电磁感应原理传递电能或传输信号的器件，在各种电子产品中的应用比较广泛。目前，常用的几种变压器根据工作频率的不同，主要可分为低频变压器、中频变压器、高频变压器和特殊变压器几种。

（1）低频变压器

低频变压器是指工作频率相对较低的一些变压器。常见的低频变压器有电源变压器和音频变压器。

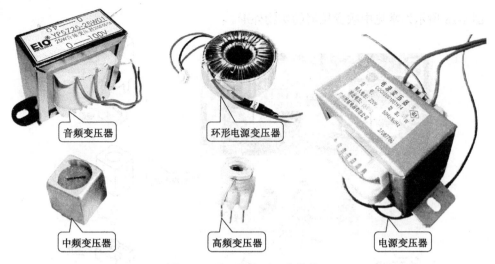

图 4-16 常见的变压器实物外形

【图文讲解】

图 4-17 所示为常见低频变压器的实物外形。其中，电源变压器是一种用来改变供电电压或电流的变压器，因此通常应用于各种电子产品中的电源电路部分；音频变压器是传输音频信号的变压器。

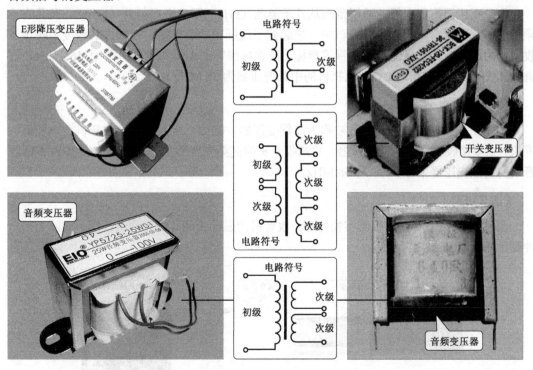

图 4-17 常见的低频变压器

（2）中频变压器

中频变压器简称中周，它的适用范围一般在几千赫兹至几十兆赫兹之间，频率相对较高。

【图文讲解】

图 4-18 所示为常见中频变压器的实物外形。

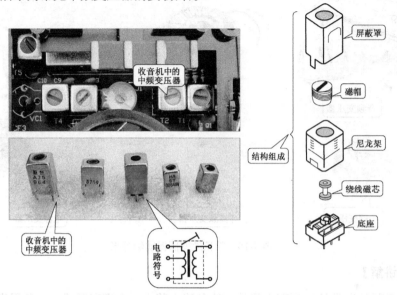

图 4-18　中频变压器的实物外形

【资料链接】

中频变压器简称中周，适用范围从几千赫兹（kHz）至几十兆赫兹（MHz），是具有选频功能的变压器，在超外差收音机中，它起到了选频和耦合作用，在很大的程度上决定了收音机的灵敏度、选择性和通频带等指标。其谐振频率在调幅式收音机中为 465 kHz，在调频式收音机中为 10.7 MHz，电视机的中频变压器为 38 MHz。

（3）高频变压器

工作在高频电路中的变压器被称为高频变压器。例如，常见主要有收音机、电视机、手机、卫星接收机中的高频变压器。短波收音机的高频变压器工作在 1.5～30 MHz。FM 收音机的高频变压器工作在 88～108 MHz。

【图文讲解】

图 4-19 为典型高频变压器实物外形。收音机的磁性天线（绕有两组线圈）实际上是一种高频变压器。

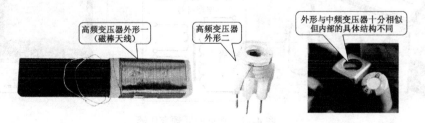

图 4-19　高频变压器的实物外形

（4）特殊变压器

特殊变压器是指应用在一些专用的、特殊的环境中的变压器。在电子产品中，常见的特殊变压器主要有彩色电视机中的行输出变压器、行激励变压器等。

【图文讲解】

图 4-20 所示为电子产品中几种常见特殊变压器的实物外形。

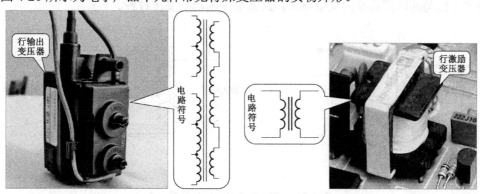

图 4-20　常见特殊变压器的实物外形

2．变压器的功能

在电路中，变压器主要是用来提升或降低交流电压，或是转换阻抗等，是电子产品中常用的元器件之一。

（1）变压器的电压变换功能

【图文讲解】

图 4-21 所示为典型电源电路中变压器变换电压的原理示意图，220 V 交流电压首先经电源线送入电源电路板。变压器就是电源电路中重要的变压器件，从中起到了降压的作用，可以将送入的 220 V 交流电压转换成交流低压，然后再经整流、滤波变成直流，为电路板提供所需的工作电压。

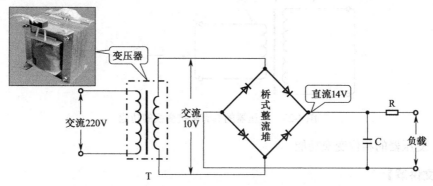

图 4-21　典型电源电路中变压器变换电压的原理示意图

【提示】

如图 4-22 所示，变压器次级电压的大小取决于次级与初级的圈数比。我们可以将变压器的初级线圈和次级线圈看成是两个电感。当交流 220V 流过初级线圈时，在初级线圈上就形成了感应电动势，绕制的线圈就产生出交变的磁场，从而使铁芯磁化。次级线圈受到初级线圈的感应便也产生与初级线圈变化相同的交变磁场，再根据电磁感应原理，次级线圈会产生出与初级同频率的交流电压。这就是变压器的变压过程。

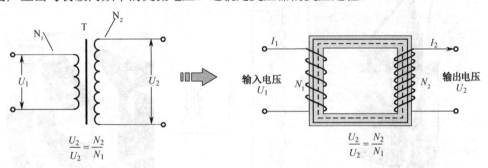

图 4-22 变压器具有电压变换的功能

空载时，次级输出电压与输入电压之比等于次级线圈的匝数 N_2 与初级线圈的匝数 N_1 之比，即 $U_2/U_1=N_2/N_1$。

变压器的输出电流与输出电压成反比，通常降压变压器输出的电压降低，但输出的电流增强了。具有输出强电流的能力。$I_2/I_1=N_1/N_2$。而升压变压器，则输出电压高，输出电流减弱。

（2）变压器的阻抗变换功能

【图文讲解】

如图 4-23 所示，变压器的初级与次级的匝数比不同，其阻抗比也不同。在数值上，次级阻抗 Z_2 与初级阻抗 Z_1 之比等于次级匝数 N_2 与初级匝数 N_1 之比的平方。

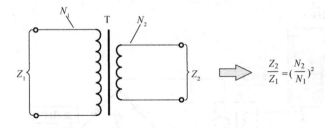

图 4-23 变压器的具有阻抗变换的功能

（3）变压器的相位变换功能

【图文讲解】

如图 4-24 所示，变压器电路中标出了各绕组线圈的瞬时电压极性。通过改变变压器线圈的接法，可以很方便地将信号的相位倒相。

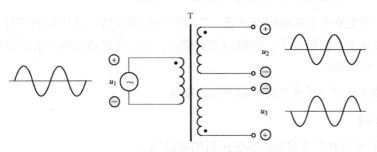

图 4-24　变压器具有相位变换的功能

技能训练 4.3.2　变压器的电路标识方法

1．识别变压器的电路标识

变压器在电子电路中有特殊的电路标识，变压器种类不同，电路标识也有所区别，我们在对电子电路识读时，通常会先从电路标识入手，了解变压器的种类和功能特点。

【图文讲解】

典型变压器的电路标识如图 4-25 所示。可以看到，电路符号表明了变压器的类型；引线由电路符号两端伸出，与电路图中的电路线连通，构成电子线路；标识信息通常提供了变压器的类别、在该电路图中的序号以及变压器功率等参数信息。

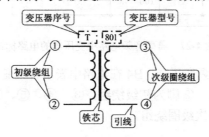

图 4-25　典型变压器的电路标识

2．识读变压器的标识信息

变压器的标识主要有"产品名称"、"功率（W）或外形尺寸"、"序号"、"级数"等相关信息。识读变压器的标识信息，对我们分析、检修电路十分重要。

（1）充电器电路中变压器电路标识的识读演练

【图解演示】

图 4-26 所示为典型充电器电路中变压器的电路标识。

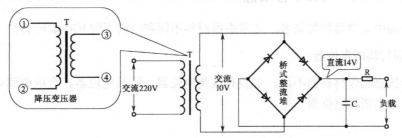

图 4-26　典型充电器电路中变压器的电路标识

"▐▌" 在电路中表示降压变压器。T 在电路中表示降压变压器的序号。①、②在该电路中表示降压变压器绕组①、②脚为初级绕组；③、④在该电路中表示降压变压器绕组③、④脚为次级圈绕组。

（2）音频电路中变压器电路标识的识读演练

【图解演示】

图 4-27 所示为典型音频电路中变压器的电路标识。

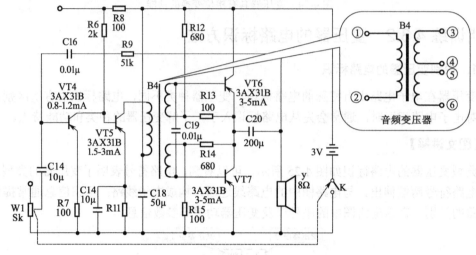

图 4-27 典型音频电路中变压器的电路标识

"▐▌" 在电路中表示音频变压器。B4 在电路中表示音频变压器的序号。①、②在该电路中表示音频变压器绕组①、②脚为初级绕组；③、④、⑤、⑥在该电路中表示音频变压器绕组③、④、⑤、⑥脚为次级圈绕组。

任务模块 4.4　电位器的电路对应关系

电位器实际上是一种可变电阻器，主要用于阻值经常调整且要求阻值稳定可靠的场合。电位器一般至少有三个引出端，其中两个为固定端，其间电阻值最大，一个为活动端，活动端与转轴相连，转轴可以改变触点的位置，进而改变电阻值。下面就以认识电子电路为目标，对常见电位器做系统介绍。

新知讲解 4.4.1　认识电位器

电子产品中电位器种类繁多，通常根据材料不同和结构不同具有多种类型。

1. 不同材料的电位器

电位器根据制作材料的不同，主要有线绕电位器、碳膜电位器、合成碳膜电位器、实心电位器、导电塑料电位器几种。

【图文讲解】

图 4-28 所示为采用不同制作材料的电位器实物外形。

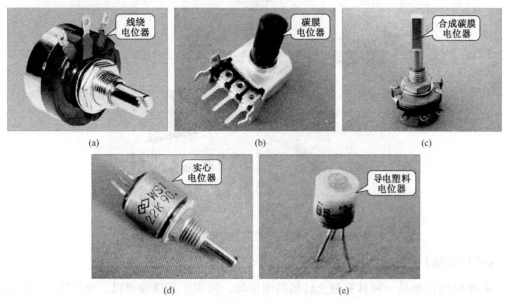

图 4-28　采用不同制作材料的电位器实物外形

【资料链接】

- 线绕电位器是用康铜丝和镍铬合金丝绕在一个环状支架上制成的。具有功率大、耐高温、热稳定性好且噪声低的特点，阻值变化通常是线性的，用于大电流调节的电路中。但由于电感量大，不宜用在高频电路场合。

- 碳膜电位器的电阻体是在绝缘基体上涂一层碳膜制成的。具有结构简单、绝缘性好、噪声小且成本低的特点，因而广泛用于家用电子产品。

- 合成碳膜电位器是由石墨、石英粉、炭黑、有机黏合剂等配成的一种悬浮液，涂在纤维板或胶纸板上制成的。具有阻值变化连续、阻值范围宽、成本低，但对温度和湿度的适应性差等特点。

- 实心电位器用炭黑、石英粉、黏合剂等材料混合加热压制构成电阻体，然后再压入塑料基体上经加热聚合而成的。具有可靠性高，体积小，阻值范围宽，耐磨性、耐热性好，过负载能力强，但是噪声较大，温度系数较大。

- 导电塑料电位器就是将 DAP（邻苯二甲酸二烯丙酯）电阻浆料覆在绝缘机体上，加热聚合成电阻膜。具有平滑性好、耐磨性好、寿命长、可靠性极高、耐化学腐蚀，可用于宇宙装置、飞机雷达天线的伺服系统等。

2．不同结构的电位器

电位器根据结构不同可分为单联电位器、双联电位器、单圈电位器、多圈电位器、直滑式电位器等。

【图文讲解】

图 4-29 所示为不同结构类型的电位器实物外形。

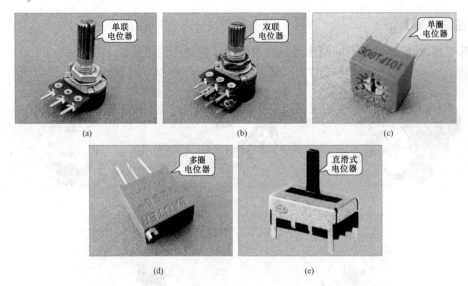

图 4-29　不同结构类型的电位器实物外形

【资料链接】

- 单联电位器是一种具有独立转轴的电位器。常用于高级收音机、录音机、电视机中的音量控制的开关式旋转电位器。
- 双联电位器是两个电位器装在同一个轴上，两电位器同步调整，即同轴双联电位器。常用于高级收音机、录音机、电视机中的双声道音量控制器件。
- 普通的电位器和一些精密的电位器大部分多为单圈电位器。
- 多圈电位器的结构大致可以分为两种：一种是电位器的动接点沿着螺旋形的绕组做螺旋运动来调节阻值；另一种是通过蜗轮、蜗杆来传动，电位器的接触刷装在轮上并在电阻体上做圆周运动。
- 直滑式电位器采用直滑方式改变阻值的大小，一般用于调节音量。

技能训练 4.4.2　电位器的电路标识方法

1. 识别电位器的电路标识

电位器在电子电路中有特殊的电路标识，电位器种类不同，电路标识也有所区别，我们在对电子电路识读时，通常会先从电路标识入手，了解电位器的种类和功能特点。

【图文讲解】

图 4-30 所示为电位器的电路标识。

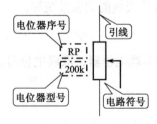

图 4-30　电位器的电路标识

电路符号表明了电位器的类型；引线由电路符号两端伸出，与电路图中的电路线连通，构成电子线路；标识信息通常提供了电位器的类别、在该电路图中的序号以及电位器等参数信息。

2．识读电位器的标识信息

电位器的标识主要有"电位器名称标识"、"材料"、"类型"、"序号"、"允许偏差"等相关信息。识读电位器的标识信息，对我们分析、检修电路十分重要。

（1）典型电吹风机电路中电位器电路标识的识读演练

【图解演示】

图 4-31 所示为典型电吹风机电路中电位器的电路标识。

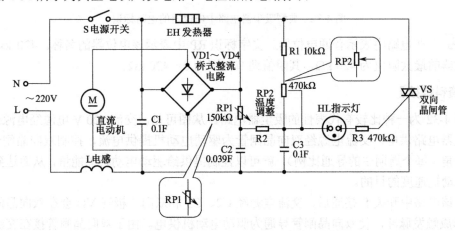

图 4-31 典型电吹风机电路中电位器的电路标识

该电路中安装有 2 只电位器。

"⚡" 在电路中表示电位器。文字标识 RP1 中表示该电位器的名称。150 kΩ 表示该电位器的最大阻值为 150 kΩ，其阻值调节范围为 0～150 kΩ。

"⚡" 在电路中表示普通电位器。文字标识 RP2 中表示该电位器的名称。470 kΩ 表示该电位器的最大阻值为 470 kΩ，其阻值调节范围为 0～470 kΩ。

【资料链接】

图 4-31 为采用双向晶闸管控制方式为发热器和吹风电动机供电。当电源开关接通后，双向晶闸管导通，交流 220 V 电源才能加到发热器两端，同时为桥式整流电路供电，桥式整流电路再将交流电源变成直流电源为吹风机电动机供电。在双向晶闸管触发电路中设有微调电位器 RP2，其功能是调整双向晶闸管的导通角，从而实现供电控制。

（2）典型吸尘器电路中电位器电路标识的识读演练

【图解演示】

图 4-32 所示为典型吸尘器电路中电位器的电路标识。

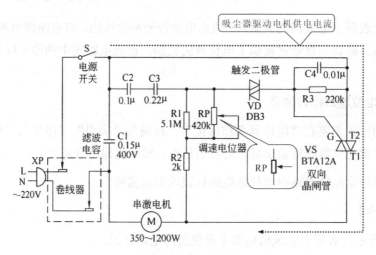

图 4-32　典型吸尘器电路中电位器的电路标识

"占" 在电路中表示普通电位器。文字标识 RP 中表示该电位器的名称。420 kΩ 表示该电位器的最大阻值为 420 kΩ，其阻值调节范围为 0～420 kΩ。

【资料链接】

图 4-32 为一种比较有代表性的吸尘器电路。从图可见，交流 220 V 电源经电源开关 S 为吸尘器电路供电，交流电源经双向晶闸管为驱动电动机提供电流，控制双向晶闸管 VS 的导通角（每个周期中的导通比例），就可以控制提供给驱动电动机的能量，从而达到控制驱动电动机速度的目的。

当该电路中开关 S 接通后，交流电源经 C2、C3 和双向二极管 VD 会在双向晶闸管的 G 极形成触发脉冲，使双向晶闸管导通为驱动电动机供电。由于双向晶闸管接在交流供电电路中，触发脉冲的极性必须与交流电压的极性一致。因而每半个周期就需要有一个触发脉冲送给 G 极。输入交流电压（220 V 50 Hz）是连续的，而双向晶闸管的导通时间是断续的。如果导通周期长，则驱动电动机得到能量多，速度快，反之，则速度慢。

控制导通周期的是电位器 RP，调整 RP 的电阻值，可以调整双向二极管（触发二极管）的触发脉冲的相位，就可实现驱动电动机的速度控制。

简单电路的识读方法

简单电路是只由两个或几个电子元件构成的功能单一、结构简单的电路，该类是构成电子电路的基本元素之一。常见的简单电路主要有 RC 电路和 LC 电路，下面对这类简单电路的识读进行学习，初步建立电子电路的基本概念，了解简单电路的结构形式及功能，为进一步识读各种复杂电路打下基础。

任务模块 5.1　简单 RC 电路的识读方法

RC 电路是一种由电阻器和电容器按照一定的方式进行连接的电路。学习该类电路识读时，我们应首先认识和了解该类电路的特征，接下来再结合具体的电路单元弄清楚其电路特点和功能。最后，根据其特征，在实际电子产品电路中，找到该电路单元，再进行识读，以帮助分析和理解整个电子产品电路。

新知讲解 5.1.1　简单 RC 电路的特征

根据不同的应用场合和功能，RC 电路通常有三种结构形式：RC 串联电路、RC 并联电路、RC 串并混联电路，如图 5-1 所示。

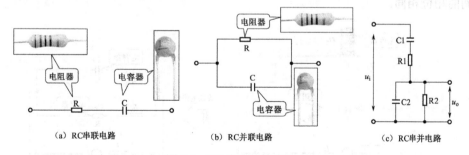

（a）RC串联电路　　　　（b）RC并联电路　　　　（c）RC串并电路

图 5-1　RC 电路的结构形式

1. RC 串联电路的特征

电阻器和电容器串联连接后的组合再与交流电源连接，称为 RC 串联电路。

【图文讲解】

图 5-2 所示为典型 RC 串联电路。电路中流动的电流引起了电容器和电阻器上的电压降，这些电压降与电路中电流及各元件的电阻值或容抗值成比例。电阻器电压 U_R 和电容器

电压 U_C 用欧姆定律表示为（X_C 为容抗）：

$$U_R = I \times R$$
$$U_C = I \times X_C$$

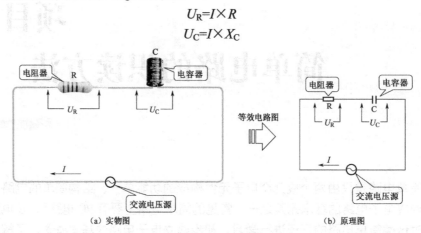

图 5-2　典型 RC 串联电路

【提示】

在纯电容电路中，电压和电流相互之间的相位差为 90°。在纯电阻电路中，电压和电流的相位相同。

在同时包含电阻和电容的电路中，当 RC 串联电路连接于一个交流源时，外施电压和电流的相位差在 0°～90°之间。相位差的大小取决于电阻和电容的比例。相位差均用角度表示。

2. RC 并联电路的特征

电阻器和电容器并联连接后的组合再与交流电源连接，称为 RC 并联电路。

【图文讲解】

图 5-3 所示为典型 RC 并联电路。与所有并联电路相似，在 RC 并联电路中，外加电压 U 直接加在各个支路上，因此各支路的电压相等，都等于电源电压，即 $U=U_R=U_C$，并且三者之间的相位相同。

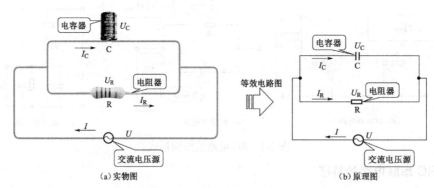

图 5-3　典型 RC 并联电路

3. RC 串、并混联电路的特征

RC 串并混联电路是指既包含 RC 串联又包含 RC 并联的电路，该电路同时具备 RC 串联和并联电路的特点。

【图文讲解】

图 5-4 所示 RC 串并联电路及频率特性。图 5-4（a）中 u_i 为输入电压、u_o 为输出电压；图 5-4（b）是反映 u_o 与 u_i 幅度相对大小，与输入信号频率 f 之间关系的曲线，该曲线称为幅频特性曲线；图 5-4（c）是反映 u_o 与 u_i 相位差大小与输入信号频率之间的关系曲线，该曲线称为相频特性曲线。

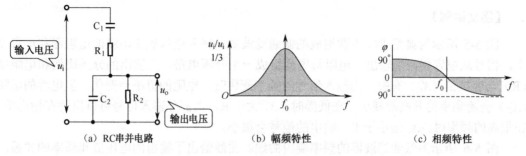

（a）RC串并电路　　　　（b）幅频特性　　　　（c）相频特性

图 5-4　RC 串并联电路及频率特性

【资料链接】

在图 5-4 中，图 5-4（b）的幅频特性表明 RC 串并联电路具有选频能力，这是因为电容的容抗是频率的函数。因而，当 u_i 的幅度固定，仅改变信号频率时，u_o 的幅度也随频率的改变而不同。当 $f=0$ 时，C_1 相当于开路，$u_o=0$；f 增大，C_1 容抗减小，电流 i 增加，u_o 的输出增加，且随 f 进一步增大，u_o 也增大。但由于 C_2 的容抗也随 f 升高而减小。因此，当 f 增大到某个值后，若继续增大 f，这时 u_o 反而下降；当 f 增加到一定程度时，u_o 趋近于 0。显然，频率 f 从 0 到某值时，u_o 的幅度经历了一个从小到大，再从大到小的过程。这中间存在一个幅度最大的频率点，这个频率就是谐振频率 f_0，它近似为

$$f_0 = \frac{1}{2\pi\sqrt{R_1 C_1 R_2 C_2}}$$

当 $R_1=R_2=R$，$C_1=C_2=C$ 时，上式可简化为

$$f_0 = \frac{1}{2\pi RC}$$

图 5-4（c）的相频特性说明：当 u_i 的频率为零时，u_o 超前 u_i 90°；当 u_i 的频率趋于无穷大时，u_o 滞后 u_i 90°；只有当 $f=f_0$ 时，u_o 与 u_i 同相。综上所述，RC 串并联电路在特殊频率点上具有输出与输入同相且输出幅度最大（等于输入幅度的 $\frac{1}{3}$）的特点。

4. RC 串、并联电路的功能特点

RC 串、并联电路在电子电路中的应用十分广泛，根据其电路特点，通常作为滤波器和振荡器应用在电路中。

（1）RC 滤波器

在一些通信类的电子产品中，经常使用 RC 串联后构成滤波电路。滤波器可以过滤掉特定频率的信号或允许特定频率的信号通过。滤波电路可以将所需信号和不需要的信号分

离开来，阻止干扰信号，提高所需要信号的质量。

由 RC 串联电路构成滤波器主要分为低通和高通滤波器两种。电容器在电路中的位置决定了滤波器是低通还是高通。

① 低通滤波器。低通滤波器的特性是从零到一个特定频率的所有信号可以自由地通过并传输到负载，高频信号被阻止或削弱。

【图文讲解】

图 5-5 所示为典型 RC 串联组成的低通滤波器。输入电压加在串联的电阻器和电容器上，信号从电容器两端输出。电阻与电容组成一个分压电路，其输出的分压比例和电阻值（R）与容抗值（X_C）有关。当输入信号的频率变化时，电阻的值不会变化，但电容的阻抗（X_C）会随频率的升高而减小。在低频时，X_C 大于 R，大部分输入信号可以出现在输出端，在很高的频率时，X_C 远小于 R，输出的信号会很小。

图 5-6 所示为低通滤波器的频率响应曲线。曲线给出了输出的电压值和频率的关系。当频率为 0 Hz 或输入为直流时，电容的阻碍作用最大，而且输出电压等于输入电压。随着频率增加，X_C 开始减小，并且输出电压也开始下降。在截止频率（f_0）处，输出电压大约等于输入电压的 70 %。在达到截止频率后，输出电压以恒定的斜率下降。

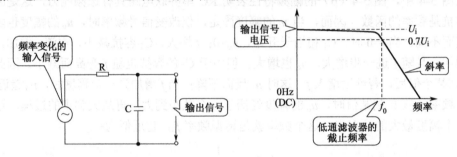

图 5-5　典型 RC 串联组成的低通滤波器　　图 5-6　低通滤波器的频率响应曲线

② 高通滤波器。高通滤波器用于阻止从零到一特定频率的所有信号，但该特定频率以上的高频信号可自由通过。

【图文讲解】

图 5-7 为简单的 RC 串联高通滤波器及频率响应曲线。该滤波器是由电容 C 和电阻 R 组成的分压电路。输出信号取自电阻器的两端。输入低频信号时，电容的阻抗（容抗 X_C）很大，输出信号的幅度很小；随着频率升高，容抗变小，输出信号的幅度逐渐增加。当输入频率很高时，容抗值非常低。因此，对于更高的频率，电容器相当于短路。输出几乎等于输入。

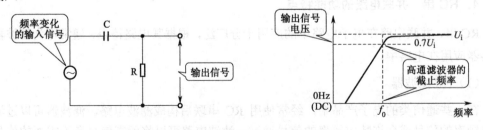

图 5-7　高通滤波器及频率响应曲线

（2）RC 振荡器

RC 串、并联电路可用于构成 RC 正弦波振荡电路，用来产生频率在 200 kHz 以下的低频正弦信号，电路结构简单，易于调节，因此应用比较广泛。

常见的 RC 正弦波振荡电路有桥式、移相式和双 T 式等几种，如图 5-8 所示。

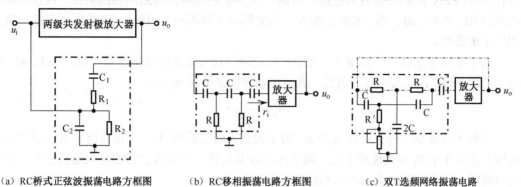

（a）RC桥式正弦波振荡电路方框图　　　（b）RC移相振荡电路方框图　　　（c）双T选频网络振荡电路

图 5-8　典型 RC 正弦波振荡电路方框图

RC 正弦波振荡电路利用电阻器和电容器的充放电特性构成的。RC 的值选定后它们的充放电的时间（周期）就固定为一个常数，也就是说它有一个固定的谐振频率。

① RC 桥式正弦波振荡电路。RC 桥式振荡电路是指采用桥接形式产生正弦波的一种振荡器，一般只能用于两级共射极放大电路中。

【图文讲解】

图 5-9 所示为 RC 桥式振荡电路的结构和简化电路。图中当 R=R_1=R_2，C=C_1=C_2 时，振荡频率计算公式为：

$$f_0 = \pi RC/2$$

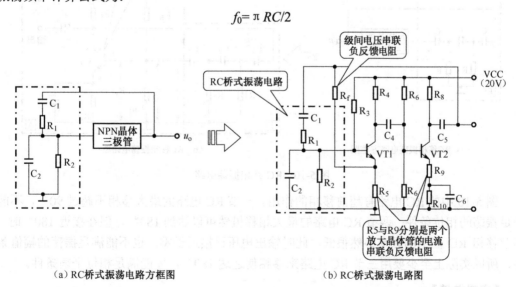

（a）RC桥式振荡电路方框图　　　　　　（b）RC桥式振荡电路

图 5-9　RC 桥式振荡电路

图 5-9 中，RC 串并混联电路起到反馈和选频作用；R_f 是级间电压串联负反馈电阻器，用于减小电路失真，稳定输出；R_5、R_9 分别为两个放大晶体管 VT1、VT2 的电流串联负反

馈电阻器。

【资料链接】

RC 桥式振荡电路只能用于两级共射极放大电路中。这是因为一级放大电路输入、输出只有 180°相移，两级共射放大电路才可能产生 360°的相移而达到同相的条件。而作为反馈电路的 RC 串并电路，当 $f=f_0$ 时，输入、输出同相（即不产生相移）。因此为正反馈，满足相位平衡条件。

关于振幅平衡条件，由图 5-9 可知，假定两级放大器的总电压增益为 A_u，根据 $AF=1$，由于当 $f=f_0$ 时，$F=u_o/u_i=1/3$，因此，满足振幅平衡条件的 A_u 为：

$$A_u = \frac{1}{F} = 3$$

起振条件是放大器的增益 $A_u>3$。为了使放大器起振后 $A_u=3$，在电路中引入较大的负反馈。图 5-9 中 R_f 是负反馈电阻，属电压串联负反馈。它使放大器的输入阻抗提高，输出阻抗降低，从而削弱放大器对选频回路的影响。

② RC 移相振荡电路。RC 移相振荡电路由一级基本放大电路和三节 RC 移相电路组成。

【图文讲解】

图 5-10 所示为 RC 移相振荡电路方框图和电路图。该电路中 C_1 和 R_1、C_2 和 R_2 构成两节 RC 网络，第三节 RC 网络由 C_3、R_{B1} 和三极管 VT 放大电路的输入电阻 R_i 组成，而且在图中通常选取 $C_1=C_2=C_3=C$，$R_1=R_2=R$。因为基本放大电路在其通频带范围内 $\phi_A=180°$，若要求满足相位平衡条件，反馈网络还必须使通过它的某一特定频率的正弦电压再移相 180°。

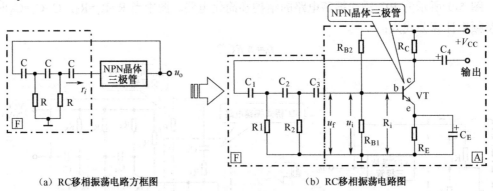

（a）RC移相振荡电路方框图　　　　　　（b）RC移相振荡电路图

图 5-10　RC 移相振荡电路

图 5-10 中的 RC 电路有超前移相的作用。一节 RC 电路的最大移相不超过 90°，不能满足振荡的相位条件；两节 RC 电路的最大相移虽然可以达到 180°，但在接近 180°时，超前移相 RC 网络的频率必然很低，此时输出电压已接近于零，也不能满足振荡的幅值条件，所以实际上至少要用三节 RC 电路来移相使之达 180°，才能满足相位平衡条件。

【资料链接】

移相振荡器的振荡频率不仅与每节的 R、C 元件的取值有关，而且还与放大电路的负载电阻 R_C 和输入电阻 R_i 有关。通常为了设计的方便，使每节的 R、C 元件的取值完全一样，且令 $R_C=R$，$R \gg R_i$。当满足这些条件后，移相振荡器的振荡频率为

$$f_0 = \frac{1}{2\sqrt{6}\pi RC}$$

而为了满足起振要求，三极管的 β 值应大于或等于 29（很容易满足）。β 越大，起振越容易。

在电路中，为了减小负载对振荡电路的影响，通常在输出端加一级射极输出器，在分析振荡频率和振荡条件时，可暂不考虑它的作用。

RC 移相振荡电路具有结构简单、经济、方便等优点；缺点是选频性能较差，频率调节不方便，由于没有负反馈，因此输出幅度不够稳定，输出波形较差，一般用于振荡频率固定且稳定性要求不高的场合，其频率范围为几赫到几十千赫。

③ 双 T 选频网络振荡电路。双 T 选频网络振荡电路是指由 RC 电路组成两个类似"T"形的振荡电路，该振荡电路实现选频功能。

【图文讲解】

图 5-11 所示为 RC 双 T 选频网络振荡电路，当满足关系 $R_3 < R/2$ 时，振荡频率计算公式为 $f_0 = 1/5RC$。

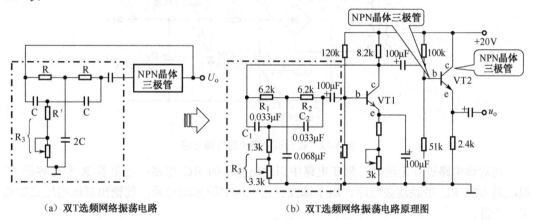

(a) 双T选频网络振荡电路　　　　(b) 双T选频网络振荡电路原理图

图 5-11　RC 双 T 选频网络振荡电路

由于 RC 双 T 网络比 RC 串并联网络具有更好的选频特性，因此，RC 双 T 网络振荡电路有比较广泛的应用。其缺点是频率调节比较困难，因此比较适用于产生单一频率的振荡电路。

【资料链接】

RC 振荡电路的振荡频率均与 R、C 乘积成反比，如果需要振荡频率高的话，势必要求 R 或 C 值较小。这在制作上将有困难，因此 RC 振荡器一般用来产生几赫至几百千赫的低频信号，若要产生更高频率的信号，则应采用 LC 正弦波振荡器。

技能训练 5.1.2　简单 RC 电路的识读

RC 电路是构成电子电路的重要功能电路之一，该电路主要是起到振荡和滤波的作用。我们根据这一特点结合一些电子电路来对简单的 RC 电路进行识读演练。

1. 直流稳压电源电路中 RC 电路的识读演练

直流稳压电源电路是各种电子产品中最常用的一种功能电路，主要用来将交流 220 V 电压变为直流电压，为电子产品内的各种电子元件提供工作条件（大多数电子元件需要直流电压供电才能工作），使其进入工作状态，实现产品功能。

【图文讲解】

图 5-12 所示为收音机电路中的直流稳压电源电路，由图 5-12 可知，该电路主要是由变压器 T、桥式整流电路 VD1～VD4、电阻器 R、电容器 C_1、C_2 和稳压二极管 VD5 等部分构成的。

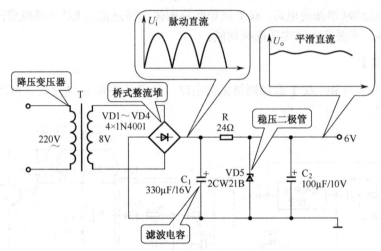

图 5-12　收音机电路中的电源电路

在对该电路进行识读时，先在电路中识读出基本的 RC 电路：电阻器 R 和电容器 C_1 组成基本的 RC 串联滤波电路，用于滤波直流电压中的脉动分量，使输出直流电压更加稳定、平滑。

由此，结合电路中其他电子元件的功能和特点，该电路的识读过程为：交流 220 V 首先经变压器 T1 降压后输出 8 V 交流低压，再经桥式整流电路（VD1～VD4）整流后输出约 11 V 的直流电压，该电压经 RC 电路滤波后，由稳压二极管 VD5 进行稳压，输出稳定的 6 V 直流电压。

【提示】

交流电压经桥式整流堆整流后变为直流电压，且一般满足 $U_{直}=\sqrt{2}\,U_{交}$，例如，220 V 交流电压直接经桥式整流后输出约 300 V 直流电压；8 V 交流电压经桥式整流堆输出约 11 V 直流电压。

2. 1 kHz 移相振荡电路中 RC 电路的识读演练

【图解演示】

图 5-13 所示为 1 kHz 移相振荡电路，该电路主要由三组结构相同的 RC 电路组成。

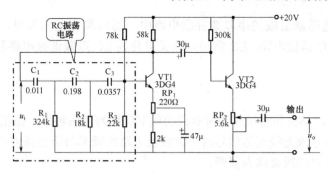

图 5-13 1 kHz 移相振荡电路

在对该电路进行识读时，先在电路中识读出基本的 RC 电路：三组结构相同的 RC 电路（$C_1 \sim C_3$、$R_1 \sim R_3$）组成 RC 振荡电路，作为选频和反馈元件的振荡器。

由此，结合电路中其他电子元件的功能和特点，该电路的识读过程为：以第一组 RC 振荡电路为例，电阻 R 两端的电压与流过它的电流是同相的，所以电容 C 中的电流都超前它两端电压 90°。当 RC 两端的输入信号 u_i 的频率很低时，电容的容抗远大于电阻的阻值。R 对电流的影响可以忽略，于是电流超前 u_i 90°，电阻两端的电压也超前 u_i 接近于 90°，但幅度很小；反之当 u_i 的频率很高时，C 的作用可以忽略，相当于 u_i 直接加在 R 的两端，$u_o =$ u_i，相位也基本相同。不难想象，如果 u_i 的频率适中，那么 u_o 的相位超前的角度在 $0 \sim 90°$ 之间，与频率有关。

由此可以看出，只要有三节这样的 RC 电路，便可对某一频率的 u_i 移相 180°。而如果把这样的三节电路作为反馈网络接在电路中，便可能满足正反馈的相位条件，而这个频率就是振荡频率。

任务模块 5.2　简单 LC 电路的识读方法

LC 电路是一种由电容器和电感器按照一定的方式进行连接的电路。学习该类电路识读时，我们应首先认识和了解该类电路的结构形式，接下来再结合具体的电路单元弄清楚其电路特点和功能。最后，根据其特征，再进行识读，以帮助分析和理解整个电子产品电路。

新知讲解 5.2.1　简单 LC 电路的特征

在电容器和电感器构成的 LC 电路中，根据电容器和电感器连接方式不同分为 LC 串联电路和 LC 并联电路，如图 5-14 所示。

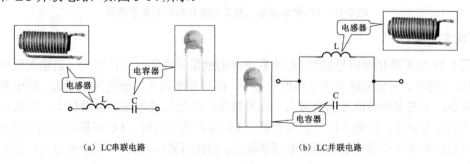

（a）LC 串联电路　　　　　　　　　　　（b）LC 并联电路

图 5-14　LC 谐振电路的结构形式

由电容器和电感器组成的串联或并联电路中，感抗和容抗相等时，电路成为谐振状态，该电路称为 LC 谐振电路。LC 谐振电路又可分为 LC 串联谐振电路和 LC 并联谐振电路两种。

【资料链接】

在 LC 电路中，感抗和容抗相等时对应的频率值称为谐振频率，如图 5-15 所示曲线。在接收广播电视信号或无线通信信号时，使接收电路的频率与所选择的广播电视台或无线电台发射的信号频率相同就称为调谐。

调谐就是通过调整电容的容抗将谐振频率调节到想得到的频率值，也就是将接收频率调整到与电台发射频率相同，这样就可以欣赏或收听所选频道的节目了。

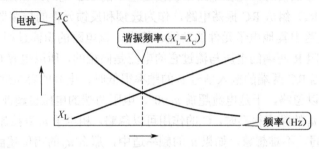

图 5-15 感抗和容抗曲线

1. LC 串联谐振电路的特征

LC 串联谐振电路是指将电感器和电容器串联后形成的，且为谐振状态（关系曲线具有相同的谐振点）的电路。

【图文讲解】

图 5-16 所示为 LC 串联谐振电路的结构及电流和频率的关系曲线。在串联谐振电路中，当信号接近特定的频率时，电路中的电流达到最大，这个频率称为谐振频率。

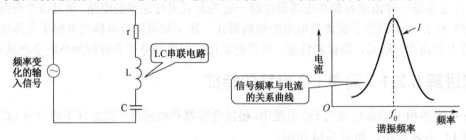

图 5-16 LC 串联谐振电路及电流和频率的关系曲线

【图文讲解】

图 5-17 为不同频率信号通过 LC 串联电路的效果示意图。由图可知，当输入信号经过 LC 串联电路时，根据电感器和电容器的特性，信号频率越高电感的阻抗越大，而电容的阻抗则越小，阻抗大则对信号的衰减大，频率较高的信号通过电感会衰减很大，而直流信号则无法通过电容器。当输入信号的频率等于 LC 谐振的频率时，LC 串联电路的阻抗最小，此频率的信号很容易通过电容器和电感器输出。由此可看出，LC 串联谐振电路可起到选频的作用。

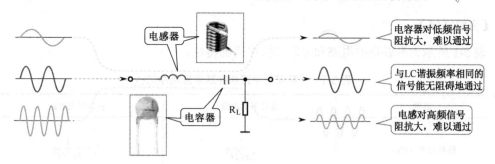

图 5-17　不同频率信号通过 LC 串联电路的效果

2. LC 并联谐振电路

LC 并联谐振电路是指将电感器和电容器并联后形成的，且为谐振状态（关系曲线具有相同的谐振点）的电路。

【图文讲解】

图 5-18 所示为 LC 并联谐振电路的结构及电流和频率关系曲线。在并联谐振电路中，如果线圈中的电流与电容中的电流相等，则电路就达到了并联谐振状态。在该电路中，除了 LC 并联部分以外，其他部分的阻抗变化几乎对能量消耗没有影响。因此，这种电路的稳定性好，比串联谐振电路应用的更多。

图 5-18　LC 并联谐振电路的结构及电流和频率的关系曲线

【图文讲解】

图 5-19 为不同频率的信号通过 LC 并联谐振电路时的状态。当输入信号经过 LC 并联谐振电路时，同样根据电感器和电容器的阻抗特性，较高频率的信号则容易通过电容器到达输出端，较低频率的信号则容易通过电感器到达输出端。由于 LC 回路在谐振频率 f_0 处的阻抗最大，谐振频率点的信号不能通过 LC 并联的振荡电路。

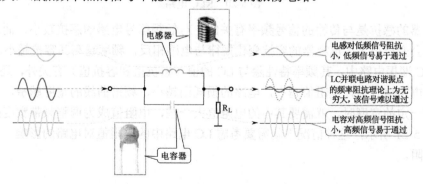

图 5-19　不同频率信号通过 LC 并联谐振电路的效果

【资料链接】

表 5-1 所示为串联谐振电路和并联谐振电路的特性。

表 5-1　串联谐振电路和并联谐振电路的特性

参数	串联谐振电路	并联谐振电路
谐振频率（Hz）	$f_0 = \dfrac{1}{2\pi\sqrt{LC}}$	$f_0 = \dfrac{1}{2\pi\sqrt{LC}}$
电路中的电流	最大	最小
电源的负载	只有线圈的电阻	与电源同相，电抗很大
LC 元件上的电流	等于电源电流	L 和 C 中的电流反相、等值，大于电源电流，也大于非谐振状态的电流
LC 元件上的电压	L 和 C 的两端电压反相、等值，一般比电源电压高一些	电源电压

【提示】

RLC 电路是由电阻器、电感器和电容器构成的电路单元。在 LC 电路中，电感器和电容器都有一定的电阻值，如果电阻值相对于电感的感抗或电容的容抗很小时，往往会被忽略，而在某些高频电路中，电感器和电容器的阻值相对较大，就不能忽略，原来的 LC 电路就变成了 RLC 电路，如图 5-20 所示。

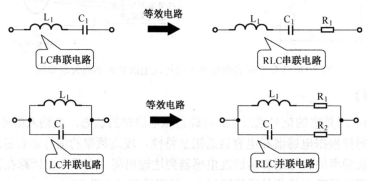

图 5-20　RLC 电路

电感器的感抗是与传输的信号频率有关的，对低频信号电感的感抗较小，而对高频信号的感抗会变得很大。电容器的容抗变化规律与电感相反，频率越高其容抗越小。

在 LC 谐振电路中，其频率特性除与 LC 的值（感抗值和容抗值）有关外，还与 LC 元件自身的电阻值有关，电阻值越小，电路的损耗则越小，频谱曲线的宽度越窄，当需要频率响应有一定的宽度时，就需要其中的电阻值大一些，电阻值成为调整频带宽度的重要因素，如图 5-21 所示，这种情况下就需要考虑 LC 电路中的电阻值对电路的影响，有时还需要附加电阻。

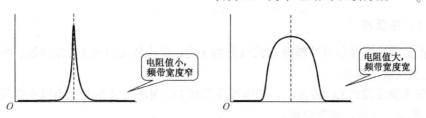

图 5-21　谐振电路中电阻值与频带宽度的关系

3. LC 串、并联谐振电路的功能特点

LC 串、并联谐振电路的谐振特性，使其在电子电路中主要构成 LC 滤波器和 LC 振荡器两种。

（1）LC 滤波器

根据输入信号传送到输出信号的频率分量，滤波器可分为 4 种：低通、高通、带通和带阻。

在低通滤波器中，从零到某一个特定截止频率的所有信号可以自由地通过并传输到负载。高频信号被阻止或削弱。

高通滤波器可阻止从零到某一个特定频率的所有信号，但可让所有高频信号自由通过。

带通滤波器允许两个限制频率之间所有频率的信号通过，而高于上限或低于下限的频率的信号将被阻止。

【图文讲解】

带通滤波器的简单电路形式及频率响应曲线如图 5-22 所示。

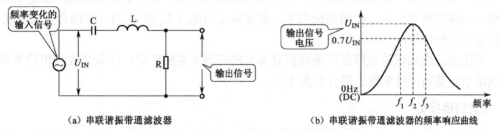

图 5-22　带通滤波器简单电路及频率响应曲线

带阻滤波器（陷波器）可阻止特定频率带的信号传输到负载。它用于滤除特定限制频率间的所有频率的信号，而高于上限频率或低于下限频率的信号将自由通过。

【图文讲解】

带阻滤波器（陷波器）的简单电路形式及频率响应曲线如图 5-23 所示。

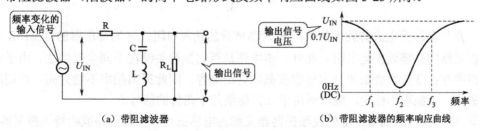

图 5-23　带阻滤波器简单电路及频率响应曲线

（2）LC 振荡器

LC 振荡器按反馈信号的耦合方式可分为 3 类：变压器反馈式 LC 振荡器、电感反馈振荡器、电容反馈振荡器。

① 变压器反馈式 LC 振荡器。变压器反馈式 LC 振荡器又称为互感耦合振荡器，由谐振放大器和反馈网络两部分组成。

【图文讲解】

图 5-24 所示为变压器反馈式 LC 振荡器电路图，采用共发射极放大器，以 LC 并联谐振电路作为集电极交流负载。

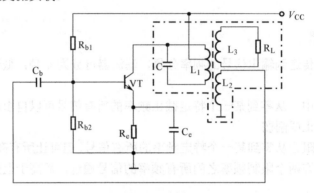

图 5-24　变压器反馈式 LC 振荡器

当接上电源时，电流流过 L_1 和 VT 晶体管集电极，L_2 会有感应电流，该电流会反馈到晶体管的基极，由于晶体管的放大作用而形成正反馈，由于 L_1、C 具有选频功能，会形成谐振，振荡频率等于 L_1、C 的谐振频率，振荡信号再通过 L_1 与 L_3 的互感耦合，在负载 R_L 上输出正弦波信号。

变压器反馈式振荡电路在广播通信设备中的应用非常的广泛，在普通收音机的本机振荡电路中也普遍采用变压器耦合振荡电路。

【资料链接】

变压器反馈式 LC 正弦波振荡器的振荡频率 f_0 取决于 LC 谐振回路的谐振频率，即：

$$f_0 \approx \frac{1}{2\pi\sqrt{LC}}$$

该电路的起振条件为：

$$\beta \geqslant \frac{r_{be}RC}{M}$$

式中，β 为晶体管电流的放大倍数；r_{be} 为晶体管的输入电阻；M 为变压器的互感；R 为谐振回路的总等效损耗电阻。此外，该电路是否起振的关键在于同名端接法。由于该电路中存在变压器绕组间分布电容和晶体管结电容，因此振荡频率不能太高，否则波形失真，且频率不稳定，故仅适用于几兆赫至几十兆赫的信号。

② 电感反馈振荡器。电感反馈振荡器又称为电感三点式振荡电路或哈特莱振荡器。

【图文讲解】

图 5-25 所示为电感反馈振荡器及等效电路。在图 5-25（a）中可以看出，放大器采用共基极接法，R_{b1}、R_{b2} 和 R_e 构成直流偏置电路。C_b 为交流旁路电容。C_e 用于隔直流，避免发射极 e 的直流电位经电感接到电源，从而与集电极为等电位，使三极管截止而无法起振。这种电路的 LC 并联谐振电路中的电感有首端、中间抽头和尾端 3 个端点，其交流通路分别与电路的集电极、发射极和基极相连。

反馈信号取自电感上的电压，因此，习惯上将这种电路称为电感三点式振荡电路或电感反馈式振荡电路。

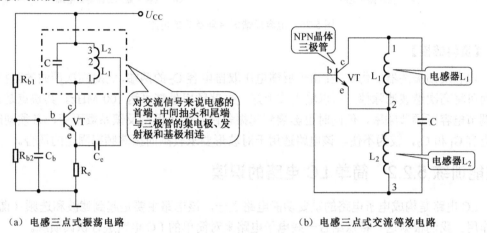

（a）电感三点式振荡电路　　　　　　（b）电感三点式交流等效电路

图 5-25　电感反馈振荡器及等效电路

【资料链接】

电感反馈振荡器的优点是容易起振，输出电压幅度较大，改变电容 C 的容量可以使振荡频率在较大范围内连续可调，在需要改变频率的场合应用较广。缺点是反馈电压取自电感器 L_2，它对高次谐波的阻抗大，因而引起振荡回路输出谐波部分增大，输出波形失真度较大。这种电路适用于波形要求不高的场合。

③ 电容反馈振荡器。电容反馈振荡器又称为电容三点式振荡电路或考毕兹振荡器，电容三点式振荡电路又可以分为串联型改进电容三点式振荡器（克拉泼振荡器）和并联型改进电容三点式振荡器（西勒振荡器）。

【图文讲解】

图 5-26 所示为电容反馈振荡器及等效电路。图中采用的振荡管为三极管，R_{b1}、R_{b2} 和 R_e 构成稳定偏置电路；电容器 C_b 用于交流旁路；C_C 用于隔直流，避免集电极直流电位经电感接到地。由于三极管的 3 个电极分别与 C_1、C_2 的 3 个引出点相连接（交流电路），故称为电容三点式振荡器。和电感三点式一样，电容三点式振荡电路也有 LC 并联谐振回路。

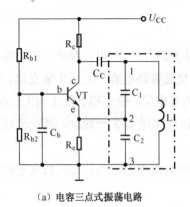

（a）电容三点式振荡电路

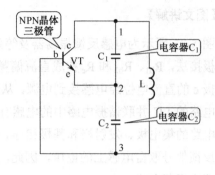

（b）电容三点式交流等效电路

图 5-26　电容反馈振荡器及等效电路

【资料链接】

　　电容反馈振荡器的优点是：由于反馈电压取自电容 C_2 的两端，它对高次谐波的阻抗小，因而可将高次谐波滤除掉，所以输出波形好，振荡频率最高可达 100 MHz。其缺点是：通过调节电容可调节频率，但同时也影响到起振条件，为了保持反馈系数不变，必须同时调节电容 C_1 和 C_2，较为不便。该电路适用于对波形要求较高而振荡频率固定的场合。

技能训练 5.2.2　简单 LC 电路的识读

　　LC 电路是构成电子电路的重要功能电路之一，该电路主要是起到滤波和选频（谐振）的作用。我们根据这一特点结合一些电子电路来对简单的 LC 电路进行识读演练。

1. 全波整流电路中 LC 电路的识读演练

　　全波整流电路是电子产品中比较常见的电路之一，其主要功能是将输入的交流电源经整流和滤波后，变为可用的直流电源，为电子产品进行供电。

【图文讲解】

　　图 5-27 所示为简单的整流滤波电路，该电路主要由降压变压器 T、整流二极管 VD1、VD2、电感器 L、滤波电容 C 组成。

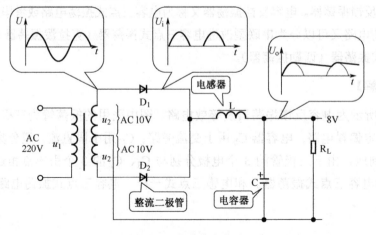

图 5-27　全波整流电路

在对该电路进行识读时，首先在电路中识读出基本的 LC 并联电路单元：电感器 L 与电容器 C 组成基本 LC 并联电路，具有平滑滤波效果。

由此，结合电路中其他电子元件的功能和特点，该电路的识读过程为：交流 220 V 经降压变压器将后输出两路 10 V 交流电压，再分别经 VD1、VD2 整流后，输出的脉动直流电压 U_i，U_i 中的直流成分可以通过 L，而交流成分绝大部分不能通过 L，被 C 旁路到地，输出电压 U_o 则为较平滑的直流电压。

2. 1.5～5 MHz 可调振荡电路中 LC 电路的识读演练

1.5～5 MHz 可调振荡电路是指电路输出的振荡信号频率可调整，并且根据电路元件参数值，调整范围在 1.5～5 MHz 内。

【图文讲解】

图 5-28 所示为一种 1.5～5MHz 可调振荡器，该电路是由 LC 谐振电路和晶体放大器组成的，可用于接收机中的正弦振荡器。

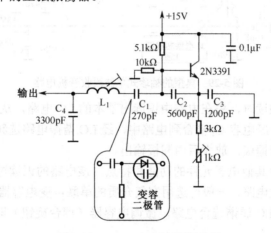

图 5-28　1.5～5MHz 可调振荡器

在对该电路进行识读时，首先在电路中识读出基本的 LC 并联谐振电路单元：电感器 L_1 与串联后的电容器 C_1 和 C_4 构成 LC 并联谐振电路，具有谐振功能。

由此，结合电路中其他电子元件的功能和特点，该电路的识读过程为：电路中的电容器 C_2 接在晶体管 be 结之间。由 LC 谐振电路形成的振荡信号在 C_2 上形成整流电压，该电压对晶体管起反向偏压的作用，当振荡幅度小时，其形成的反向偏压较小，当振荡幅度增强时，反向偏压也增加，从而自动使晶体管的增益降低，稳定信号的幅度。

在电路中由变容二极管取代 C_1 可以实现点调谐的功能，即由直流电压控制振荡频率。

【资料链接】

LC 谐振电路的谐振频率与电感 L 和电容 C 的值有关，其谐振频率为

$$f = \frac{1}{2\pi\sqrt{LC}}$$

电路图中的电感指 L_1，电容则等于 C_1 和 C_4 的串联值。这个电路的结构具有自动稳定振荡幅度的功能，被称为自稳幅（Self-limiting type）电路。

3. 袖珍式单波段收音机电路中 LC 电路的识读演练

袖珍式单波段收音机电路主要用来进行 FM 收音，可将天空中的调频收音信号进行选择后，选出欲接收的频段，在进行处理后转换为声音信号。

【图文讲解】

图 5-29 所示为典型的袖珍式单波段收音机电路，由图可知，该电路主要是由天线、LC 并联谐振电路（L_1、VC1）、场效应晶体管放大器以及后级电路等部分构成的。

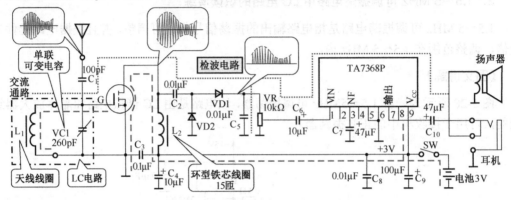

图 5-29　典型的袖珍式单波段收音机电路

在对该电路进行识读时，先在电路中识读出基本的 LC 电路，从图 5-29 中可知，由天线感应的中波广播信号经电容 C_1 耦合到电路中，经 LC 谐振电路选频后，将合适频率的信号送到场效应晶体管的栅极，放大后由漏极输出。

由此，结合电路中其他电子元件的功能和特点，该电路的识读过程为：该电路中接收部分为高频信号的接收电路，一般可选用空气介质的单联可变电容器 VC1，VC1 为可调电容器与电感器 L_1 构成 LC 调谐选台电路，微调电容器（调台旋钮）即可选择不同频率的电台信号。

然后送到场效应管栅极的信号经放大后由漏极输出，然后经耦合电容 C_2 送入检波电路，这时的信号放大后的高频载波信号，载波的包络信号就是所传输的声音信号。高频载波信号由二极管整流，信号经过 VD1 时只剩下正半周的部分。VD1 输出的信号送到电位器 VR 上，其高频信号通过 C_5 短路到地，只有低频信号由电位器输出。即从高频载波上将音频信号（低频）检出来。经放大电路 TA7368P 进行放大，再去驱动扬声器发声或耳机输出。

项目六 基本放大电路的识读方法

基本放大电路是电子电路中的基本构成元素，电子产品中为了满足电路中不同元器件对信号幅度以及电流的要求，需要对电路中的信号、电流等进行放大，用来确保设备的正常工作。在这个过程中，完成对信号放大的电路被称为基本的放大电路。

目前，常见的基本放大电路主要由三极管（NPN、PNP 型）构成。由这两种三极管构成的基本放大电路各有三种，即共射极（e）放大电路、共基极（b）放大电路和共集电极（c）放大电路。

任务模块 6.1 共射极放大电路的识读分析

共射极放大电路是基本放大电路的一种，在电子电路中共射极放大电路常用作电压放大器，应用十分广泛。

新知讲解 6.1.1 共射极放大电路的特征

共射极放大电路是指将三极管的发射极（e）作为输入信号和输出信号的公共接地端的电路。

1. 共射极放大电路的结构特点

【图文讲解】

图 6-1 所示为共射极放大电路的基本结构，该电路主要是由三极管 VT、偏置电阻器 R_{b1}、R_{b2}、负载电阻 R_L 和耦合电容 C_1、C_2 等组成的。

输入信号经耦合电容器 C_1 送到三极管 VT 的基极，经过放大后，由 VT 的集电极输出，再经耦合电容器 C_3 输出反相放大的信号。从图 6-1 中可以看出，输入信号加到三极管基极（b）和发射极（e）之间，输出信号取自三极管的集电极（c）和发射极（e）之间，由此可见，发射极（e）为输入信号和输出信号的公共端，因而称为共射极（e）三极管放大电路。

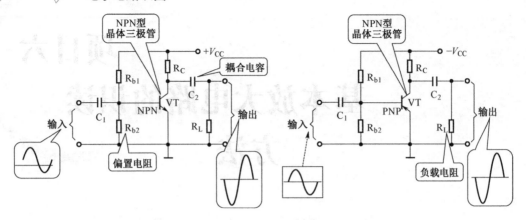

图 6-1　共射极（e）放大电路的基本结构

【提示】

NPN 型与 PNP 型三极管放大电路的最大不同之处在于供电电源的极性：

采用 NPN 型三极管的放大电路，供电电源是正电源送入三极管的集电极（c）；

采用 PNP 型三极管的放大电路，供电电源是负电源送入三极管的集电极（c）。

2. 共射极放大电路的功能特点

共射极放大电路最大特色是具有较高的电压增益，但由于输出阻抗比较高，这种电路的带负载能力比较低，不能直接驱动扬声器等器件。

【图文讲解】

图 6-2 所示为典型共射极放大电路，其中三极管的发射极（e）接地，基极（b）输入信号，集电极（c）输出与输入信号反相的放大信号。

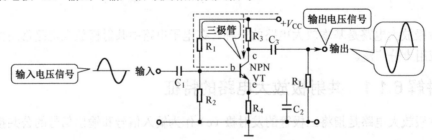

图 6-2　三极管电压放大电路（共射极结构形式）

图 6-2 中，三极管的每个电极处都有电阻为相应的电极提供偏压。其中 +V_{CC} 是电源；电阻 R_1 和 R_2 构成一个分压电路，通过分压给基极（b）提供一个稳定的偏压；电阻 R_3 是集电极电阻，交流输出信号经电容 C_3 从负载电阻 R_L 上取得；电阻 R_4 是发射极（e）上的负反馈电阻，用于稳定三极管的工作，该电阻值越大，整个放大电路的放大倍数越小；电容 C_1 是输入耦合电容；电容 C_3 是输出耦合电容；与电阻 R_4 并联的电容 C_2 是去耦合电容，相当于将发射极（e）交流短路，使交流信号无负反馈作用，从而获得较大的交流放大倍数。

共射极放大电路在工作时，既有直流分量又有交流分量，为了便于分析，一般将直流分量和交流分量分开识读，因此将放大电路划分为直流通路和交流通路。所谓直流通路，是放大电路未加输入信号时，放大电路在直流电源 V_{CC} 的作用下，直流分量所流过的路径。

（1）直流通路

所谓直流通路，是放大电路未加输入信号时，放大电路在直流电源 V_{CC} 的作用下，直流所流过的路径。

【图文讲解】

共射极放大电路中的直流通路如图 6-3 所示，电路中，由于电容对于直流电压可视为开路，可将电压放大器中的电容省去。

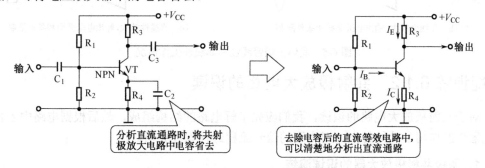

图 6-3　共射极放大电路的直流通路

（2）交流通路

在交流电路分析中，由于直流供电电压源的内阻很小，对于交流信号来说相当于短路。对于交流信号来说电源供电端和电源接地端可视为同一点（电源端与地端短路）。

【图文讲解】

共射极放大电路中的交流通路如图 6-4 所示，发射极（e）通过电容 C_2 交流接地。

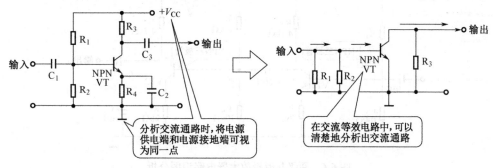

图 6-4　共射极放大电路的交流通路

【提示】

对共射极放大电路进行识图主要要做两方面的工作：一是确定静态工作点，即求出当没有输入信号时，电路中三极管各极的电流和电压值，即 I_B、I_C、U_{BE} 和 U_{CE}。如果这些值不在正常范围，放大电路便不能进行正常放大；二是计算放大电路对交流信号的放大能力及其他交流参数进行动态分析，以确定放大电路的电压放大倍数 A_u、输入电阻 r_i 和输出电阻 r_o 等。

另外，通过设置偏压电阻，改变放大电路中的偏压值，使三极管工作在放大区进行线性放大。线性放大就是成正比的放大，信号不失真的放大。如果偏压失常，三极管就不能进行线性放大或不能工作,如图 6-5 所示。

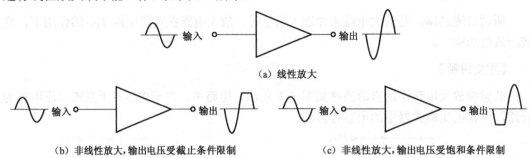

图 6-5　晶体三极管线性和非线性工作情况

技能训练 6.1.2　共射极放大电路的识读

对于共射极放大电路的识读,我们应先了解电路的结构组成,然后根据电路中各种关键元器件的作用、功能特点,对电路的信号流程进行识读分析。

1. 两级共射极放大器的识读演练

共射极放大器是输入信号和输出信号都以发射极为公共端的晶体管放大器,这种放大器具有电压增益高的特点,广泛用于各种频段的交流信号放大器中。

【图解演示】

图 6-6 是一种两级共射极放大器,它将两个放大器相连。

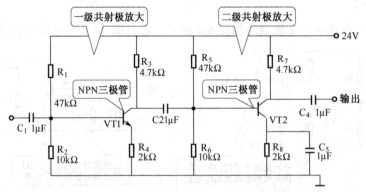

图 6-6　两级共射极放大器电路识图分析

在对该电路进行识读时,先在电路中识读出基本共射极放大电路:NPN 型三极管 VT1、VT2 与外围元件构成了两级共射极放大器电路。

由此,结合电路中其他电子元件的功能和特点,该电路的识读过程为:两线的两级共射极放大器对小信号进行高增益放大。其增益为两级放大倍数的积。图中 C_1、C_2、C_4 为耦合电容用于传输交流信号,C_3、C_5 为去耦电容。图中的电阻为偏置电阻,用于为晶体管三极提供直流偏压。

2. 自偏压方式共射极放大器的识读演练

【图解演示】

图 6-7 是一种采用自偏压方式为基极提供直流偏压的共射极放大器。

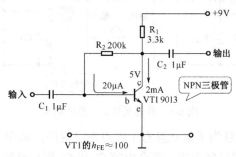

图 6-7　采用自偏压方式为基极提供直流偏压的共射极放大器

在对该电路进行识读时，首先在电路中识读出基本共射极放大电路：NPN 型三极管 VT1 发射极接地，该端作为输入信号和输出信号的公共接地端。

由此，结合电路中其他电子元件的功能和特点，该电路的识读过程为：集电极经 R_2 为基极提供偏压，该电路采用电压负反馈方式，具有稳定性高的特点。如果晶体管因温度的因素电流发生变化时，能自动稳定工作状态，例如，温度升高集电极电流增加，为使集电极负载电阻 R_1 的压降增加，使晶体管 C 极电压降低，于是 R_2 的供电端（c）电压降低，使 R_2 的下端晶体管 B 极电压降低。B 极电压降低会抑制晶体管集电极电流的增加从而稳定了晶体管电流。

任务模块 6.2　共基极放大电路的识读分析

共射极放大电路是基本放大电路的一种，在电子电路中共射极放大电路常用作电压放大器，应用十分广泛。

新知讲解 6.2.1　共基极放大电路的特征

共基极放大电路是指将三极管的基极（b）作为输入信号和输出信号的公共接地端的电路。

1. 共基极放大电路的结构特点

共基极放大电路的功能与共射极放大电路基本相同，其结构特点是将输入信号加载到晶体管发射极（e）和基极（b）之间，而输出信号取自晶体管的集电极（c）和基极（b）之间，由此可见基极（b）为输入信号和输出信号的公共端，因而该电路称为共基极（b）放大电路。

【图文讲解】

图 6-8 所示为共基极放大电路的基本结构。从图中可以看出，该电路主要是由三极管 VT、电阻器 R_{b1}、R_{b2}、R_c、R_L 和耦合电容 C_1、C_2 组成的。

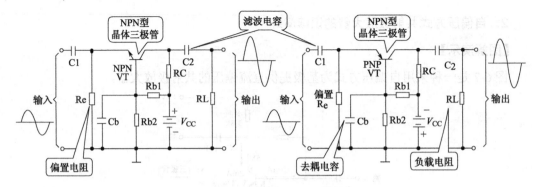

图 6-8 共基极放大电路的结构

电路中的四个电阻都是为了建立静态工作点而设置的，其中 R_C 还兼具集电极（c）的负载电阻；电阻 R_L 是负载端的电阻；两个电容 C_1 和 C_2 都是起到通交流隔直流作用的耦合电容；去耦电容 C_b 是为了使基极（b）的交流直接接地，起到去耦合的作用，即起消除交流负反馈的作用。

2. 共基极放大电路的功能特点

在共基极放大电路中，信号由发射极（e）输入，由晶体管放大后由集电极（c）输出，输出信号与输入信号相位相同。它的最大特点是频带宽，常用作晶体管宽频带电压放大器。

【图文讲解】

图 6-9 所示为共基极放大电路的功能示意图。在该电路中，直流电源通过负载电阻 R_C 为集电极提供偏置电压。同时，偏置电阻 R_2 和 R_3 构成分压电路为三极管基极（b）提供偏置电压。

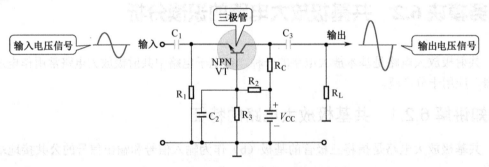

图 6-9 共基极放大电路的功能示意图

信号由输入端送入电路后，经 C_1 耦合电容器送入到三极管的发射极，由三极管放大后，经 C_3 输出同相放大的信号，负载电阻 R_c 两端电压随输入信号变化而变化，而输出端信号取自集电极（c）和基极（b）之间，对于交流信号直流电源相当于短路，因此输出信号相当于取自负载电阻 R_c 两端，因而输出信号和输入信号相位方向相同。

技能训练 6.2.2 共基极放大电路的识读

对于共基极放大电路的识读，我们应先了解电路的结构组成，然后根据电路中各种关键元器件的作用、功能特点，对电路的信号流程进行识读分析。

1. 调频（FM）收音机高频放大电路的识读演练

调频（FM）收音机高频放大电路是指能够将电路中的高频信号进行放大，并稳定输出的电路。

【图文讲解】

图 6-10 所示为典型的调频（FM）收音机高频放大电路，该电路是典型共基极放大电路，这种放大电路的高频特性比较好，而且在高频范围工作比较稳定。

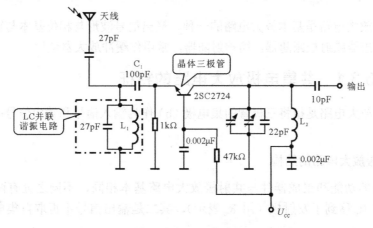

图 6-10　调频（FM）收音机高频放大电路

从图 6-10 中可知，该电路主要是由三极管 2SC2724 以及输入端的 LC 并联谐振电路等组成的。三极管 2SC2724 为核心元件，主要用来对信号进行放大。

找到该电路的核心和关键元器件后，便可对调频（FM）收音机高频放大电路进行识读，通过对电路的分析，我们可以识读出：天线接收天空中的高频信号（约 100 MHz），经 LC 并联谐振电路调谐后选出所需的高频信号，该信号经耦合电容 C_1 后送入三极管的发射极，由三极管进行放大后，由其集电极输出。

2. 电视机调谐器的中频放大器电路识读演练

【图解演示】

图 6-11 是一种电视机调谐器的中频放大器电路，该电路中 VT2 与偏置元件构成共基极放大器。

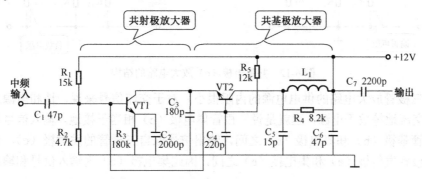

图 6-11　电视机调谐器的中频放大器电路

在图 6-11 中，VT1 为共射极放大器，其增益高用于电压放大。工作时，中频信号（38MHz）先经电容 C_1 耦合到 VT1，放大后由 VT1 集电极输出直接送到 VT2 的发射极，VT2 的发射极输出放大后的中频信号，中频信号再经 LC 滤波后送到输出端。图中 R_5 为 VT2 基极提供直流偏压，R_6 为 VT2 集电极提供直流偏压。

任务模块 6.3 共集电极放大电路的识读分析

共集电极放大电路是基本放大电路的一种，输出信号波形与相位基本与输入相同，因而又称射极输出器或射极跟随器，简称射随器，常用作缓冲放大器使用。

新知讲解 6.3.1 共集电极放大电路的特征

共集电极放大电路是指将三极管的集电极（b）作为输入信号和输出信号的公共接地端的电路。

1. 共射极放大电路的结构

共集电极的功能和组成器件与共射极放大电路基本相同，不同之处有两点：其一是将集电极电阻 R_c 移到了发射极（用 R_e 表示），其二是输出信号不再取自集电极而是取自发射极。

【图文讲解】

图 6-12 所示为共集电极放大电路的结构。两个偏置电阻 R_{b1} 和 R_{b2} 是通过电源给三极管基极（b）供电；R_e 是三极管发射极（e）的负载电阻；两个电容都是起到通交流隔直流作用的耦合电容；电阻 R_L 则是负载电阻。

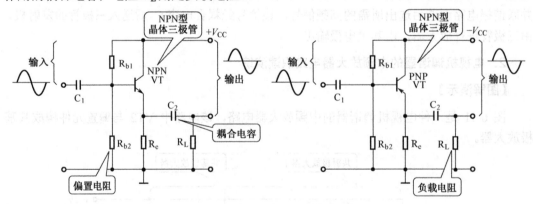

图 6-12 共集电极（c）放大电路的结构

由于三极管放大电路的供电电源的内阻很小，对于交流信号来说，地和电源之间相当于短路。交流地等效于电源，也就是说三极管集电极（c）相当于接地。输入信号相当于加载到三极管基极（b）和集电极（c）之间，输出信号取自三极管的发射极（e），也就相当于取自三极管发射极（e）和集电极（c）之间，因此集电极（c）为输入信号和输出信号的公共端。

2. 共集电极放大电路的功能

共集电极放大电路常作为电流放大器使用，它的特点是高输入阻抗，电流增益大，但是电压输出的幅度几乎没有放大，也就是输出电压接近输入电压，而由于输入阻抗高而输出阻抗低的特性，也可用作阻抗变换器使用。

【图文讲解】

图 6-13 所示为共集电极放大电路的功能示意图。图中，电阻器 R_1、R_2 构成一个分压电路，通过分压给基极（b）提供一个稳定的偏压。

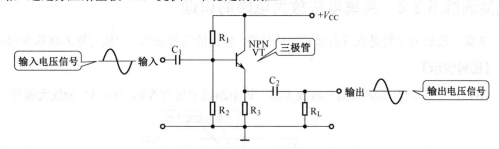

图 6-13　共集电极放大电路的功能示意图

输入信号首先经电容 C_1 耦合后送入三极管 VT 的基极，经三极管 VT 放大后，由电容 C_2 耦合输出。

对共集电极放大电路进行分析时，也可分为直流和交流两条通路。

【图文讲解】

共集电极放大电路分析方法如图 6-14 所示。该电路的直流通路是由电源经电阻为晶体管提供直流偏压的电路，晶体管工作在放大状态还是开关状态，主要由它的偏压确定，这种电路也是为三极管提供能源的电路。

交流通路是对交流信号起作用的电路，电容对交流信号可视为短路，电源的内阻对交流信号也视为短路。

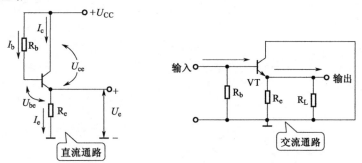

图 6-14　共集电极放大电路的直流和交流通路

【资料链接】

共射极、共基极和共集电极放大电路是单管放大器中三种最基本的单元电路，所有其他放大电路都可以看成是它们的变形或组合。所以掌握这三种基本放大电路的性质是非常必要的。三种放大电路的特点比较见表 6-1 所示。

表 6-1　三种基本放大电路的特点比较

参数	共射极电路	共基极电路	共集电极电路
输入电阻 R_i	1kΩ 左右	几十Ω	几十～几百 kΩ
输出电阻 R_o	几kΩ～几十kΩ	几kΩ～几百kΩ	几十Ω
电流增益 A_i	几十～100 左右	略小于 1	几十～100 左右
电压增益 A_u	几十～几百	几十～几百	略小于 1
u_i 与 u_o 之间的关系	反相（放大）	同相放大（放大）	同相（几乎相等）

技能训练 6.3.2　共集电极放大电路的识读

共集电极放大电路是从发射极输出信号的，输出的信号波形、相位与输入端基本相同。

【图解演示】

图 6-15 所示为典型的共集电极放大器，该电路以三极管 VT1（9013）为放大器件。

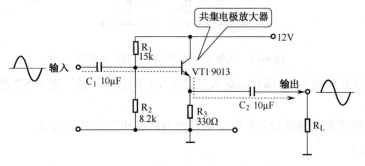

图 6-15　典型的共集电极放大器

对该电路进行识读，信号经耦合电容 C_1 加到三极管 VT1 的基极，经放大后由发射极输出，R_1、R_2 构成分压电路为三极管基极提供偏压，R_3 为发射极负载电阻，输出信号与输入信号相位相同。

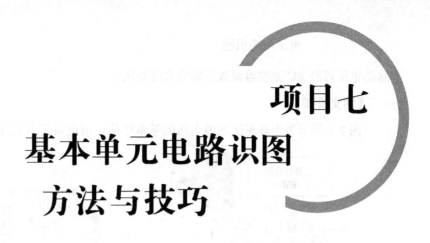

项目七

基本单元电路识图方法与技巧

在各种电子产品中，产品功能由功能电路实现，这些功能电路大都是由一些基本的单元电路组合而成。基本单元电路主要包括整流滤波电路、电源稳压电路、基本触发电路、基本运算放大器、遥控电路等。学习电子电路识图，需要掌握这些基本单元电路的识图方法和技巧。

任务模块 7.1　整流滤波电路的识图方法与技巧

电子电路想要正常工作，需要为各个组成电路提供适合的直流电压，然而生活、生产用电通常为交流 220 V 或 380 V，因此在电子电路中都设有电源电路来将交流 220 V 电源转换成多种直流低压。

在电源电路中，实现交流到直流转换的电路即为整流电路。整流电路输出电压都含有较大的脉动成分。为了减少这种脉动成分，在整流后都要加上滤波电路。所谓滤波，就是滤掉输出电压中的脉动成分，而尽量保留其中的直流成分，使输出接近理想的直流电压。

新知讲解 7.1.1　整流滤波电路的特点

我们知道，半导体二极管具有单向导电特性。因此可以利用二极管组成整流电路，将交流电压变成单向脉动电压，在整流电路加入起到滤波作用的元件，如电容器和电感元件便构成了整流滤波电路。

根据电路结构不同，常见的整流滤波电路有半波整流滤波、全波整流滤波和桥式整流滤波等。

1. 半波整流滤波电路的特点

半波整流滤波电路是指由一只整流二极管与滤波元件构成的电路。在交流电压处于正半周时，二极管导通；在交流电压负半周时，二极管截止，因而交流电经二极管 VD 整流后原来的交流波形变成了缺少半个周期的波形，称为半波整流。经二极管 VD 整流出来的脉动电压再经 RC 滤波器滤波后即为直流电压。

【图文讲解】

图 7-1 所示为半波整流滤波电路的基本结构，该电路采用电容器实现滤波功能。

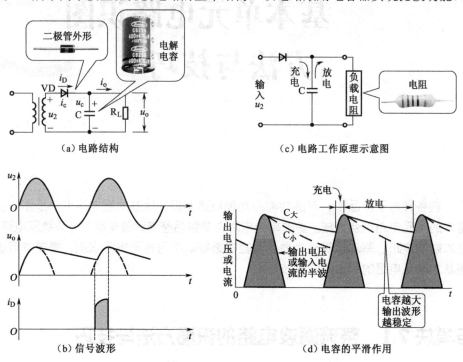

图 7-1　半波整流电容滤波电路的基本结构及波形

在没有接电容器时，整流二极管 VD 在 u_2 的正半周导通负半周截止，输出电压 u_o 为图 7-1（b）中虚线所示。而在并联了一只滤波电容器以后，假设在 $t=0$ 时接通电源，则当 u_2 由零逐渐增大时，整流二极管 VD 导电。

由图 7-1（a）可见，整流二极管导通时除了有一电流 i_o 流向负载外，还有一个电流向电容充电，电容两端的电压 u_c 的极性为上正下负。如果忽略，整流二极管导通时的内阻，则在 VD 导通时，u_c（即输出电压 u_o）等于变压器次级电压 u_2。而当 u_2 到达最大值以后开始下降，此时电容上的电压 u_c 也将由于放电而逐渐下降。当 u_2 下降到小于 u_c(即 $u_2 < u_c$ 时，整流二极管被反向偏置而截止。于是 u_c 以一定的时间常数按指数规律下降，直到下一个正半周到来。当 $u_2 > u_c$ 时，整流二极管又导通，再次向电容 C 充电。输出电压 $u_c = u_o$ 的波形如图 7-1（b）中实线所示。与图 7-1（b）比较，可以看到，由于电容的滤波作用，输出电压比无电容器时平滑多了，且直流成分也增加了。

【资料链接】

由于二极管的单向导电作用，使变压器次级交流电压变换成负载两端的单向脉动电压，从而实现了整流。由于这种电路只在交流电压的半个周期内才有电流流过负载，故称为半波整流。

在半波整流电路中，负载上得到的脉动电压是含有直流成分的。这个直流电压 U_o 等于半波电压在一个周期内的平均值，它等于变压器次级电压有效值 U_2 的 45%，即

$$U_o=0.45\,U_2$$

2．全波整流滤波电路的特点

全波整流电路滤波是在半波整流电路的基础上加以改进而得到的。电路一般由两只整流二极管和滤波元件构成。

【图文讲解】

图 7-2 所示为全波整流滤波电路的基本结构，该电路采用电感器实现滤波功能。

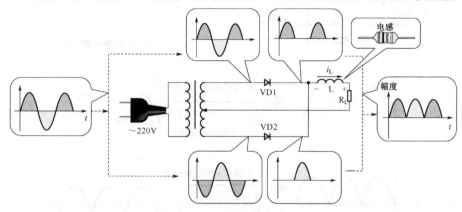

图 7-2　全波整流滤波电路

该电路是以变压器的次级绕组中间抽头为基准做成的电路。变压器次级线圈由抽头分成上下两个部分，组成两个半波整流。VD1 对交流电正半周电压进行整流；二极管 VD2 负半周的电压进行整流，这样最后得到两个合成的电流，称为全波整流。

全波整流后输出的直流电压经电感器后没有损失，但直流电压中的脉动分量，将在 L 上产生压降，从而降低输出电压中的脉动成分，实现滤波功能。

【资料链接】

图中变压器的两次级电压大小相等，方向如图 7-2 中所示。当 u_2 的极性为上正下负（即正半周）时，VD1 导通，VD2 截止，i_{D1} 流过 R_L，在负载上得到的输出电压极性为上正下负；为负半周时，u_2 的极性与图示相反。此时 VD1 截止，VD2 导通。由图可以看出，i_{D2} 流过 R_L 时产生的电压极性与正半周时相同，因此在负载 R_L 上便得到一个单方向的脉冲电压。负载上得到的电流、电压的脉动频率为电源频率的两倍，其直流成分也是半波整流时直流成分的两倍：

$$U_o=0.9\,U_2$$

3．桥式整流滤波电路的特点

很多电子产品中，为了减小电路板的体积，并避免制造变压器中间抽头的麻烦，常采用四个整流二极管组成的桥式整流堆来实现全波整流，在整流电路输出端连接滤波元件，便构成了桥式整流滤波电路。

【图文图解】

图 7-3 所示为典型的桥式整流滤波电路，该电路采用四只整流二极管实现整流，采用

电容器进行滤波。

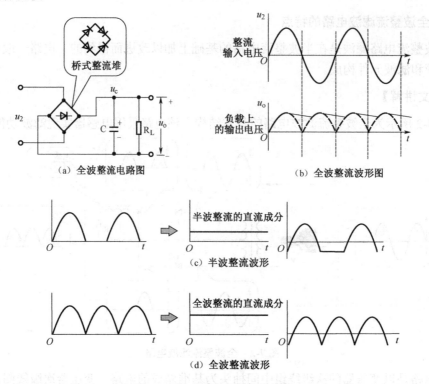

（a）全波整流电路图

（b）全波整流波形图

（c）半波整流波形

半波整流的直流成分

（d）全波整流波形

全波整流的直流成分

图 7-3　桥式整流电容滤波电路

【提示】

电容器在全波整流电路或桥式整流电路中的滤波原理与半波整流电路中的类似，其原理电路和波形如图 7-3（a）和图 7-3（b）所示。所不同的只不过是，在桥式（或全波）整流电路中，无论输入电压 u_2 的正半周还是负半周，电容器 C 都有充电过程。而且从图 7-3（c）和图 7-3（d）比较中可看出，全波（或桥式）整流电路经电容滤波后的输出电压比半滤波时更平滑，且直流成分更大些。

【资料链接】

桥式整流电路其输出直流电压与输入侧电压的关系为

$$U_0 = 0.9\,U_2$$

技能训练 7.1.2　整流滤波电路的识图分析

根据上述内容我们了解到，整流滤波电路主要是由整流二极管、电容、电感等部件组成的，因此对其进行识读时，我们首先要了解该电路的基本组成，找该电路中典型器件构成的功能电路，对其在整个电路中的功能进行识读，最后完成整个电路的识图过程。

下面以典型的整流滤波电路为例进行识读演练。

【图解演示】

图 7-4 所示为典型收音机电源电路中的整流滤波电路。

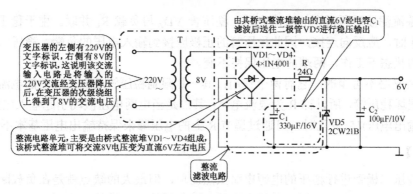

图 7-4　收音机的电源电路的识图过程

通过图 7-4 可知,收音机电路中的电源电路主要是由变压器 T、桥式整流堆 VD1～VD4、滤波电容 C_1、C_2 及稳压二极管 VD5 等部件构成的。

在收音机的电源电路中,交流 220 V 电压经变压器降压后输出 8 V 交流低压,8 V 交流电压经桥式整流电路输出约 11 V 直流,再经 C_1 滤波,R 限流、VD5 稳压,C_2 滤波后输出 6 V 稳压直流。电路中使用了两只电解电容进行平滑滤波。

任务模块 7.2　电源稳压电路的识图方法和技巧

在电源电路中,由于整流滤波电路输出电压与理想的直流电源还有相当大的距离。主要存在两方面的问题:第一,由于变压器次级电压 u_2 直接与电网电压有关,当电网电压波动时必然引起 u_2 波动,进而使整流滤波电路的输出不稳定;第二,由于整流滤波电路总存在内阻,当负载电流发生变化(例如电视机的亮度不同,扩音机的音量或大或小)时,在内阻上的电压也发生变化,因而使负载得到的电压(即输出电压)不稳定。为了提供更加稳定的直流电源,需要在整流滤波后面加上一个稳压电路。

新知讲解 7.2.1　电源稳压电路的特点

在电源稳压电路中,按其电路结构划分,可分为稳压管稳压电路和串联型稳压电路两种。

1. 稳压管稳压电路的特点

稳压管稳压电路主要由稳压二极管与电阻器构成。

【图文讲解】

图 7-5 所示为稳压管稳压电路的基本结构。

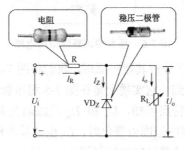

图 7-5　稳压管稳压电路的基本结构

127

U_i 为整流滤波后所得到的直流电压，稳压管 VD_Z 与负载 R_L 并联。由于稳压二极管承担稳压工作时，应反向连接，因此稳压管的正极应接到输入电压的负端。稳压二极管是在反向击穿的状态下工作，两端的电压保持不变。

电阻 R 是必不可少的，它有两个作用：其一是限制稳压管反向击穿后的电流，以防止电流过大损坏稳压管，所以称 R 为限流电阻；其二是当电网电压波动引起输入电压(即整流滤波后的输出电压)U_i 变化时，可通过调节 R 上的电压降来保持输出电压基本不变。

【提示】

利用稳压二极管进行稳压的电源电路虽然简单，但最大的缺点就是在负载断电的情况下稳压二极管仍然有电流消耗，负载电流越小时稳压管上流过的电流则相对较大，因为这两股电流之和等于总电流。故该稳压电源仅适用于负载电流较小、且变化不大的场合。

另外，这种稳压电路还存在两个突出缺点：其一是当电网电压和负载电流的变化过大时，电路不能适应；其二是输出电压 U_o 不能调节。为了改进以上缺点，可以采用串联型稳压电路。

2. 串联型稳压电路的特点

所谓串联型稳压电路，就是在输入直流电压和负载之间串入一个三极管。其作用就是当输入电压 U_i 或电阻 R_L 发生变化引起输出电压 U_o 变化时，通过某种反馈形式使三极管的 U_{ce} 也随之变化。从而调整输出电压 U_o，以保持输出电压基本稳定。由于串入的三极管是起调整作用的，故称为调整管。

【图文讲解】

图 7-6 所示为典型的串联型稳压电路。

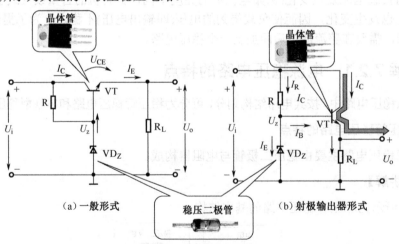

（a）一般形式　　　　（b）射极输出器形式

图 7-6　基本的调整管稳压电路

三极管 VT 为调整管。为了分析其稳压原理，我们将图 7-6（a）的电路改画成图 7-6（b）的形式，这时我们可清楚地看到，它实质上是在图 7-5 稳压管稳压电路的基础上再加上射极跟随器而组成的。根据电路的特点可知，U_o 和 U_Z 是跟随关系。因此只要稳压管的电压 U_Z 保持稳定，则当 U_i 和 I_L 在一定的范围内变化时，U_o 也能基本稳定。与稳压管稳压电路相比，加了跟随器后的突出特点是带负载的能力加强了。

图 7-6 电路虽然扩大了负载电流的变化范围，但是我们从图中可以看出，由于 $U_o=U_Z-U_{be}$，带来输出电压的稳定性比不加调整管还差一些。另一方面，输出电压仍然不能连续调节。改进的方法是在稳压电路中引入放大环节。

【图文讲解】

具有放大环节的串行稳压电路如图 7-7 所示。

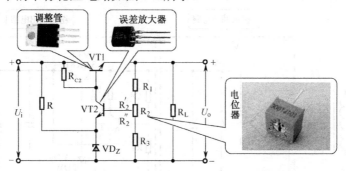

图 7-7　具有放大环节的串行稳压电路

图 7-7 中 VT1 为调整管，VT2 为放大管，R_{C2} 是 VT2 的集电极负载电阻。放大管的作用是将稳压电路的输出电压的变化量先放大，然后再送到调整管的基极。这样只要输出电压有一点微小的变化，就能引起调整管的管压降产生比较大的变化，因此提高了输出电压的稳定性。放大管的放大倍数越大，则输出电压的稳定性越好。而 R_1、R_2 和 R_3 组成分压器，用于对输出电压进行取样，故称为取样电阻。其中 R_2 是可调电阻。稳压管提供基准电压。从 R_2 取出的取样电压与基准电压比较以后再送到 VT2 管进行放大。电阻 R 的作用是保证 VT2 有一个合适的工作电流。

【资料链接】

具有放大环节的串行稳压电路的输出电压可在一定范围内适当进行调整。例如，当可调电阻 R_2 的滑动端上移动时，U_{b2} 上升、U_{bf2} 上升。进而使 U_{ce2} 降低，U_{ce1} 升高，于是输出电压 U_o 减小；反之，若滑动端向下移动，则输出电压 U_o 增大。输出电压的调节范围与 R_1、R_2 和 R_3 之间的比例关系以及稳压管的稳压值 U_Z 有关。当流过采样电阻的电流远大于 I_{b2} 时，可用近似的方法估算 U_o 的调节范围。例如，在图 7-7 中

$$U_o = \frac{R_1+R_2+R_3}{R''_2+R_3}(U_Z+U_{be2})$$

当 R_2 的滑动端位于最上端时，$R_2' =0$，$R_2''=R_2$，U_o 达最小值，且为

$$U_{omin} = \frac{R_1+R_2+R_3}{R_2+R_3}(U_Z+U_{be2})$$

当 R_2 的滑动端位于最下端时，$R_2''=0$，U_o 达最大值，此时

$$U_{omax} = \frac{R_1+R_2+R_3}{R_3}(U_Z+U_{be2})$$

技能训练 7.2.2　电源稳压电路的识图分析

根据上述内容我们了解到，电源稳压电路主要是由二极管、电阻及三极管等部件构成

的，因此对其进行识读时，可首先在电路中找到该基本单元，根据电路结构，区分稳压电路的电路结构。

下面以典型电子产品中的电源稳压电路为例进行识读演练。

【图解演示】

图 7-8 所示为一种低压小电流稳压电源电路的识图分析。

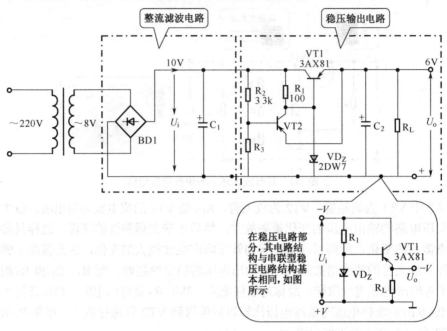

图 7-8 一种低压小电流稳压电源电路的识图分析

该电路能输出稳定的-6 V 电压，最大输出电流可达 100 mA，适用于收音机。在不考虑 C_1 和 C_2（起滤波作用）时，电路可分为两部分：稳压部分和保护电路部分。其中，稳压部分主要是由 VT1、VD_Z、R_1 和 R_L 构成，保护电路部分由 VT2、R_1、R_2 和 R_3 构成。

从图 7-8 中可以看出，当稳压电路正常工作时，VT2 发射极电压等于输出端电压。而基极电压由 U_i 经 R_2 和 R_3 分压获得，发射极电压低于基极电压，发射结反偏使 VT2 截止，保护不起作用。当负载短路时，VT2 的发射极接地，发射结转为正偏，VT2 立即导通，而且由于 R_2 取值小，一旦导通，很快就进入饱和。其集—射极饱和压降近似为零，使 VT1 的基—射之间的电压也近似为零，VT1 截止，起到了保护调整管 VT1 的作用。而且，由于 VT1 截止，对 U_i 无影响，因此也间接地保护了整流电源。一旦故障排除，电路即可恢复正常。

任务模块 7.3 基本触发电路的识图方法和技巧

在各种复杂的数字电路中，不但需要对数字信号进行逻辑运算，还经常需要将这些信号和结果保存起来。因此，需要使用具有记忆功能的基本逻辑单元，即触发器。

触发器具有两个稳定状态，即 0 态和 1 态。如果外加合适的触发信号，触发器能从一个稳态转化到另一个新的稳态。

触发器从逻辑功能上，可分为 RS 触发器、T 触发器、D 触发器、JK 触发器等。

新知讲解 7.3.1　基本触发电路的特点

在电源稳压电路中，按其电路结构划分，可分为稳压管稳压电路和串联型稳压电路两种。

1. 基本型 RS 触发器的特点

基本型 RS 触发器可以是由两个门电路构成的，也可是由两个与非门或两个异或门构成的。$\overline{R}$ 为复位端（REST），$\overline{S}$ 为置位端（SET），输出 Q 和 $\overline{Q}$ 相反。这种触发器是非同步触发器。

【图文讲解】

图 7-9 所示为 RS 触发器的电路结构。

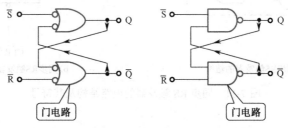

图 7-9　RS 触发器的电路结构

【图文讲解】

图 7-10 所示为 RS 触发器的工作原理图。当开关既不在 $\overline{S}$ 端，也不在 $\overline{R}$ 端时，触发器的输出端是不确定的。当开关置向一侧时，就决定了触发器的输出。例如，当开关置于 $\overline{S}$ 端时，$\overline{S}$ 端为低电平（地），$\overline{R}$ 端则为高电平，与非门①的输入为低电平，与非门②的输入为高电平。这样就使触发器的 Q 端输出为高电平，$\overline{Q}$ 的输出为低电平。

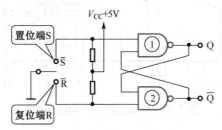

图 7-10　RS 触发器的工作原理

【资料链接】

如果输入开关置于 $\overline{R}$ 端，则触发器会反转，Q 端变成低电平，$\overline{Q}$ 端变成高电平。

从而可见，输入端 $\overline{R}$、$\overline{S}$ 即不可能同时为高电平，也不可能同时为低电平，只有两种状况，其中一个为高电平另一个为低电平，则触发器 Q 和 $\overline{Q}$ 两端也必然出现状态相反的信号。

2. 同步式 RS 触发器（同步 RS-FF）

基本型 RS 触发器属于非同步 RS 触发器不能与系统中的时钟信号同步，同步 RS 触发器是附加了同步功能，可以与时钟信号同步工作。

【图文讲解】

图 7-11 所示为同步 RS 触发器的电路结构及电路符号。它将两个输入端用了两个与非门，并增加了一个时钟脉冲输入端（CP）。

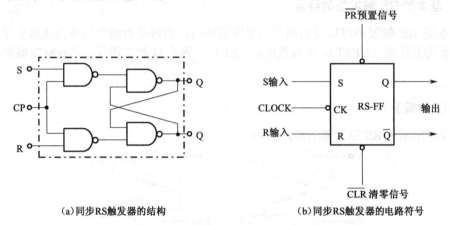

（a）同步RS触发器的结构　　　　　　（b）同步RS触发器的电路符号

图 7-11　同步 RS 触发器的电路结构及其符号

【资料链接】

集成化的同步 RS 触发电路如图 7-12 所示。

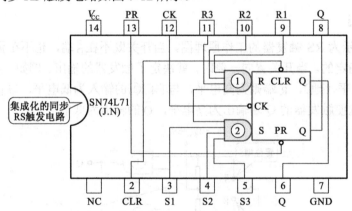

图 7-12　集成化的同步 RS 触发器

3. T 触发器（T-FF）

T 触发器是一种触发式双稳态电路，它的 T 端是信号触发端，当触发信号端的信号发生变化时，双稳态电路的输出也会同时发生变化。

【图文讲解】

图 7-13 所示为 T 触发器的电路结构及输入和输出信号波形。由此可见，T 触发器也是一个 1/2 分频电路，T 端输入 2 个脉冲，而输出端则输出 1 个脉冲。

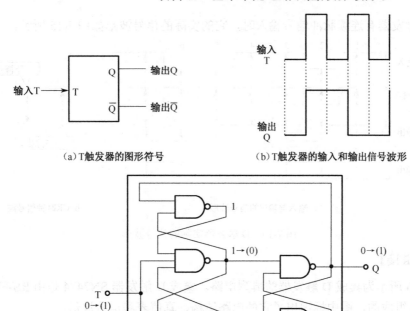

（a）T触发器的图形符号　　　　　　（b）T触发器的输入和输出信号波形

（c）T触发器的内部结构

图 7-13　T 触发器的电路符号及其输入输出波形

4．D 触发器（D-FF）

D-FF 的"D"是英文延迟之意，因而 D 触发器是一种延迟电路。对 D 触发器如果没有时钟信号，D 触发端不管输入"1"还是输入"0"，触发器都不动作，只有当有时钟信号输入时，才会动作。

【图文讲解】

图 7-14 所示为 D 触发器的电路符号及输入和输出信号波形。

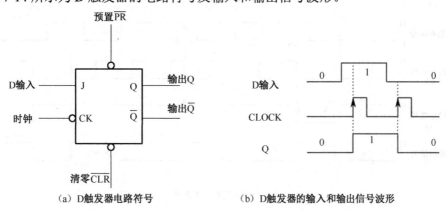

（a）D触发器电路符号　　　　　　　（b）D触发器的输入和输出信号波形

图 7-14　D 触发器的电路符号及输入和输出信号波形

133

当 D 触发器有连续脉冲信号输入时，它的实际的信号波形如图 7-15 所示。

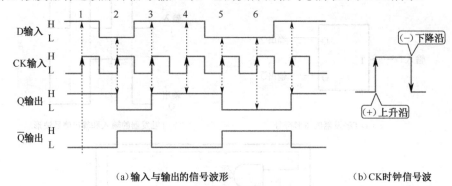

（a）输入与输出的信号波形　　　　（b）CK时钟信号波

图 7-15　D 触发器实际的信号波形

【资料链接】

图 7-16 所示为集成 D 触发器的典型电路。集成 D 触发器 SN7474 是由 RS-FF 和 D-FF 两个触发器组成的，图中标识出了它的电路结构、真值表和信号波形。

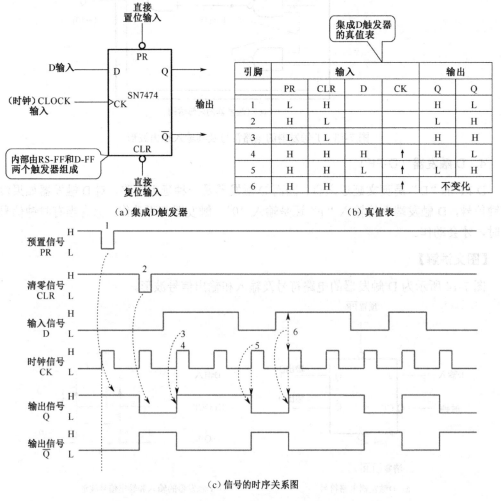

图 7-16　集成 D 触发器电路结构、真值表和信号波形

5. JK 触发器（JK-FF）

JK 触发器是主从触发器，它有 2 个输入端 J、K，被称为主从触发信号。

【图文讲解】

图 7-17 所示为 JK 触发器的电路结构和信号波形。

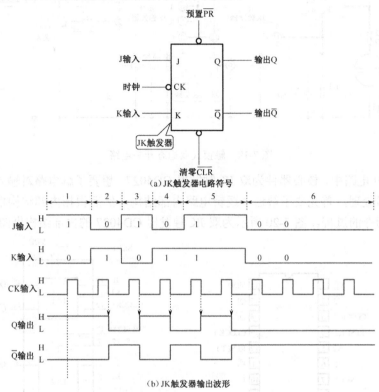

图 7-17　JK 触发器的电路结构及其输出波形

【资料链接】

上述几种触发器应用于电子电路中的图形符号如图 7-18 所示。

图 7-18　各种触发器在电子电路图中的图形符号

技能训练 7.3.2　基本触发电路的识图分析

基本触发电路是各种数码产品中常用的一种功能电路，掌握该类电路的识图技能对分析电子产品功能、工作原理有十分重要的意义。

下面以应用在电子电路中的基本触发电路为例进行识读演练。

【图解演示】

图 7-19 所示为一种触摸式开关电路。可以看到，该电路主要是由触摸键 S、触摸信号放大器 VT、双 JK 触发器 IC1（CD4027）、继电器 K1 及负载等部分构成的。

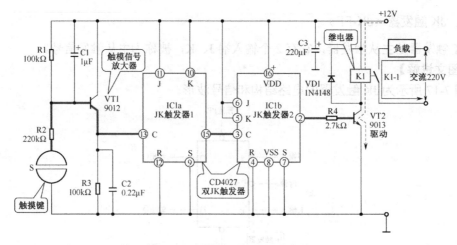

图 7-19 触摸式双稳态开关电路

在图 7-19 电路中，核心器件为双 JK 触发器 CD4027，想要了解电路对输入的触摸键控指令进行如何处理，首先要了解这个逻辑电路内部结构，然后根据内部结构框图在分析其执行或处理指令的过程。图 7-20 所示为双 JK 触发器 CD4027 的内部结构框图。

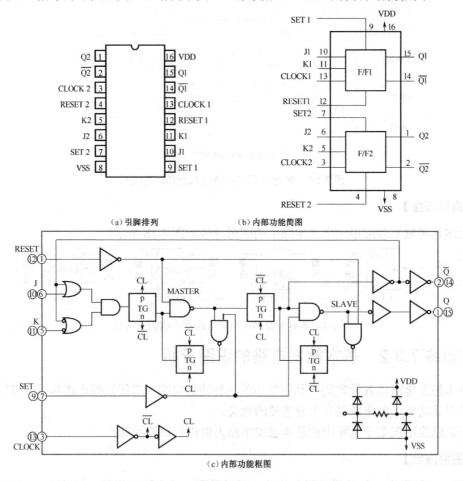

（a）引脚排列　　　　　　　（b）内部功能简图

（c）内部功能框图

图 7-20 双 JK 触发器 CD4027 的内部结构框图

找到了该触发器的内部结构后，结合其功能特点，对该电路的识图过程如下：

当用手接触触摸键 S 时，触摸信号送入电路中，首先经触摸信号放大器 VT1 进行放大后，由其发射极输出，送入双 JK 触发器的触发端，经两级 JK 触发器后去驱动晶体管 VT2。

晶体管 VT2 触发导通，+12 V 经继电器 K1 线圈、VT2 后到地，即继电器 K1 线圈中有电流流过，线圈得电，带动起触点闭合，为负载接通交流 220 V 电源，负载开始工作。

任务模块 7.4　基本运算放大电路的识图方法和技巧

运算放大电路就是对输入到其内部的信号进行放大的一种单元电路，其电路结构相对较简单。

新知讲解 7.4.1　基本运算放大电路的特点

基本运算放大电路是指由运算放大器与外围电路构成的一类单元电路。该类电路有很高的电压放大倍数，因此在作为放大运用时，总是接成负反馈的闭环结构；否则电路是非常不稳定的。运算放大电路有两个输入端，因此输入信号有三种不同的接入方式，即反相输入、同相输入和差动输入。无论是哪种输入方式，反馈网络都是接在反相输入端和输出端之间。

【资料链接】

集成运算放大器的内部是由差动放大器、中间放大器、推挽式放大器和偏置电路等组成的，如图 7-21 所示。中间放大级由若干级直接耦合放大器组成，可提供极大的开环增益（100dB 以上），偏置电路为各级提供合适的工作点。

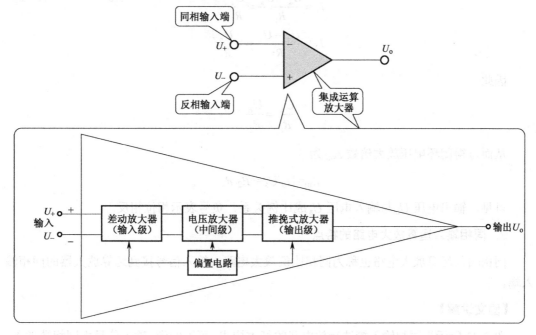

图 7-21　运算放大器及内部结构

1. 反相输入运算放大电路的特点

反相输入运算放大电路也称为反相比例放大电路，输入信号接到运算放大器的反相输入端。

【图文讲解】

图 7-22 所示为反相输入运算放大电路的基本构成。可以看到，输入信号通过电阻 R_1 接到反相输入端。反馈电阻 R_2 接在输出端与反相输入端之间，构成电压并联负反馈。同相端通过电阻 R_3 接到地。R_3 称为输入平衡电阻。其作用是使两个输入端外接电阻相等，为此 $R_3 = R_1 // R_2$。

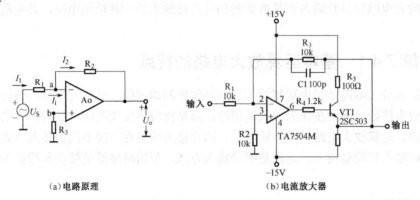

(a) 电路原理　　　　　　　　　　(b) 电流放大器

图 7-22　反相输入运算放大电路

对反相输入运算放大电路进行分析：运算放大器本身不吸收电流，即 $I_i = 0$，则 $I_1 = I_2$。并且可以推导出 $U_a = U_b$，此时有 $U_a = U_b = 0$，因而可分别求出 I_1 和 I_2。

$$I_1 = \frac{U_s - U_a}{R_1} = \frac{U_s}{R_1}$$

$$I_2 = \frac{U_a - U_o}{R_2} = -\frac{U_o}{R_2}$$

因此

$$\frac{U_s}{R_1} = \frac{U_o}{R_2}$$

从而可得闭环电压放大倍数 A_{uf} 为

$$A_{uf} = U_o/U_s = -R_2/R_1$$

可见，输出电压 U_o 与输入电压 u_s 成比例关系，负号表示相位相反。

2. 同相输入运算放大电路的特点

同相输入运算放大电路也称为同相比例放大电路，输入信号接到运算放大器的同相输入端。

【图文讲解】

图 7-23 所示为同相输入接法运放电路的基本构成。可以看到，输入信号由同相端加入，反馈电阻 R_2 接到反相输入端。同时反相端和同相端各接一电阻 R_1 和 R_3 到地，且为了满足

平衡条件，要求 $R_3=R_1//R_2$。由于反馈信号不是接在同一输入端，所以属于电压串联负反馈。

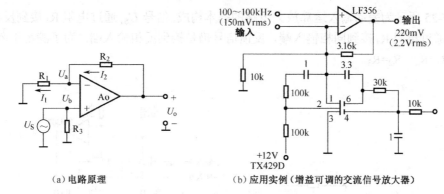

（a）电路原理　　　　　（b）应用实例（增益可调的交流信号放大器）

图 7-23　同相输入运算放大电路

对同相输入运算放大电路进行分析：在电路中，满足：$U_a=U_b=U_s$，$I_1=I_2$。

由图 7-23（a）可知

$$I_1=\frac{U_a}{R_1}=\frac{U_s}{R_1}$$

$$I_2=\frac{U_o-U_a}{R_2}=\frac{U_o-U_s}{R_2}$$

从而可得同相输入下的闭环电压放大倍数：

$$A_{uf}=\frac{U_o}{R_s}=\frac{R_2}{R_1}$$

上式表明，输出电压与输入电压同样成正比例关系，且输出与输入相位相同。

如果令 $R_2=0$，则有

$$A_{uf}=1\qquad U_o=U_s$$

【资料链接】

图 7-24 所示为同相接入法的一种特殊电路，通常称它为电压跟随器，它将所有的输出电压都直接反馈到反相输入端，我们可以看出，直接反馈的连接方式使得电压增益为 1（这意味着没有增益）。

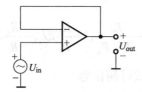

图 7-24　电压跟随器

电压跟随器电路最重要的特性就是它具有很高的输入阻抗和很低的输出阻抗。这些特性使它非常接近理想缓冲放大器，可作为连接高阻抗信号和低阻抗负载的中介电路。

3．差动输入运算放大电路的特点

差动输入运算放大电路是指输入信号为运算放大器正反相信号端之差。

【图文讲解】

图 7-25 所示为差动输入运算放大电路的基本构成。信号 U_{S1} 通过电阻 R_1 接到反相输入端，U_{S2} 通过电阻 R_4 接到同相输入端，反馈信号仍是接到反相输入端。为了满足平衡条件，通常使 $R_1=R_4$，$R_2=R_3$。

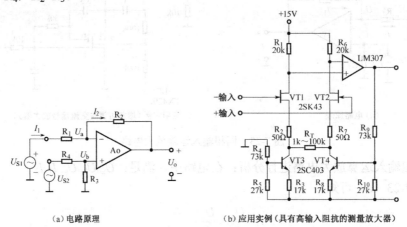

（a）电路原理　　　　　　　　（b）应用实例（具有高输入阻抗的测量放大器）

图 7-25　差动输入运算放大电路

对差动输入运算放大电路进行分析：由图可见，由于运算放大器不吸收电流，因此有

$$U_b = \frac{R_3}{R_3+R_4}U_{S2}$$

而 $U_a=U_b$，所以

$$U_a = \frac{R_3}{R_3+R_4}U_{S2}$$

故：

$$I_1 = \frac{U_{S1}-U_a}{R_1} = (U_{S1}-\frac{R_3}{R_3+R_4}U_{S2})/R_1$$

$$I_2 = \frac{U_a-U_o}{R_2} = (\frac{R_3}{R_3+R_4}U_{S2}-U_o)/R_2$$

根据 $I_1=I_2$，可解得

$$U_o = \frac{R_3}{R_3+R_4}(1+\frac{R_2}{R_1})U_{S2} - \frac{R_2}{R_1}U_{S1}$$

如果满足 $R_1=R_4$，$R_2=R_3$　上式可简化为

$$U_o = \frac{R_2}{R_1}(U_{S1}-U_{S2})$$

可见，差动输入时，其输出电压与两输入电压之差成比例。

【资料链接】

在电子产品中，运算放大器还常作为电压比较器使用，即用来比较输入电压和参考电压的关系，如图 7-26 所示，其中 U_R 是参考电压，加在同相输入端，输入端电压 u_i 加在反相输入端。

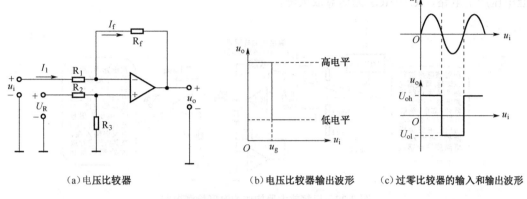

（a）电压比较器　　　　（b）电压比较器输出波形　　　（c）过零比较器的输入和输出波形

图 7-26　电压比较器及输出波形

运算放大器工作在开环状态时，当 $u_i<U_R$ 时，$u_o=U_{oh}$（输出高电平），当 $u_i>U_R$ 时，$u_o=U_{ol}$（输出低电平）如图 7-26（b）所示。

当 $U_R=0$ 时，参考电压为 0。即输入电压 u_i 和 0 电压比较，也称为过零比较器。此时若 U_i 输入正弦波电压，如图 7-26（c）所示。当 u_i 为正半周时，u_o 输出低电平，当 u_i 在负半周时，u_o 输出高电平，以此往复，输出信号以高低电平的矩形波形输出。

简单来说，电压比较器是通过两个输入端电压值（或信号）的比较结果决定输出端状态的一种放大器件。

当电压比较器的同相输入端电压高于反相输入端电压时，输出高电平；当反相输入端电压高于同相输入端电压时，输出低电平，如图 7-27 所示。电磁炉中的许多检测信号比较、判断以及产生都是由该芯片完成的。

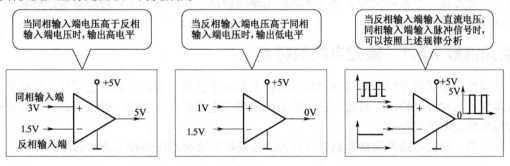

图 7-27　电压比较器输入与输出端电压或信号关系

技能训练 7.4.2　基本运算放大电路的识图分析

对基本运算放大电路的识读，我们首先从电路的主要组成入手，找到主要的运放部件，了解该运放的功能及结构特点。然后，依据运放引脚功能，理清各引脚的信号流程输入/输出信号端，控制端电压变化后，对信号产生的影响。最后，顺信号流程，逐步完成整个运算方法电路的识读方法。

下面以应用在电子电路中的基本运算放大电路为例进行识读演练。

【图解演示】

图 7-28 所示为利用基本运算放大电路构成的温度检测电路。可以看到，MC1403 为基准电压产生电路，IC1～IC3 为运算放大器。

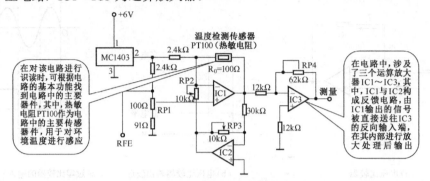

图 7-28　运算放大器构成的温度检测电路

MC1403②脚输出经电阻（2.4 kΩ）和电位器 RP1 等元件分压后加到运算放大器 IC1 的同相输入端，热敏电阻 PT100 接在运算放大器的负反馈环路中。

环境温度发生变化，热敏电阻的值也会随之变化，IC1 的输出加到 IC3 的反相输入端，经 IC3 放大后作为温度传感信号输出，IC1 相当于一个测量放大器，IC2 是 IC1 的负反馈电路，RP2、RP3 可以微调负反馈量，从而提高测量的精度和稳定性。

任务模块 7.5　遥控电路的识图方法和技巧

遥控电路是一种远距离操作控制电路，设置有遥控电路的电子产品就不必近距离操作控制面板，只要使用遥控设备（如遥控器、红外发射器等）就能对电子产品进行远距离控制，十分方便。下面就先来了解一下遥控电路的特点，在此基础上，再通过实例对遥控电路进行识读训练演练。

新知讲解 7.5.1　遥控电路的特点

遥控电路采用无线、非接触控制技术，具有抗干扰能力强，信息传输可靠、功耗低、成本低、易实现等特点。目前，已广泛应用于彩色电视机、空调器、影碟机、音响等各种家用电器及电子设备中。

目前，遥控电路根据功能划分可分为遥控发射电路和遥控接收电路两部分。

1. 遥控发射电路的特点

遥控发射电路（红外发射电路）是采用红外发光二极管来发出经过调制的红外光波，其电路结构多种多样，电路工作频率也可根据具体的应用条件而定。遥控信号有两种制式，一种是非编码形式，适用于控制单一的遥控系统中；另一种是编码形式，常应用于多功能遥控系统中。

【图文讲解】

图 7-29 所示为由 555 时基电路为核心的单通道非编码式遥控发射电路。电路中的 555 时基电路构成多谐振荡器；电位器 RP1 和电容器 C_1 构成 RC 电路，为 555 时基电路提供时

间常数。

　　由于在时间常数电路中设置了隔离二极管 D01、D02，因此 RC 时间常数可独立调整，使电路输出脉冲的占空比达到 1：10，这有助于提高红外发光二极管的峰值电流，增大发射功率。

　　只要按动一下按钮开关 K，555 时基电路的③脚便会输出脉冲信号，经 R_3 加到晶体三极管 Q1 的基极，由 Q1 驱动红外发光二极管 D03 工作，电路便可向外发射一组红外光脉冲。

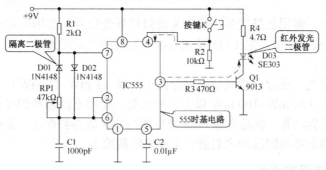

图 7-29　由 555 时基电路为核心的单通道非编码式遥控发射电路

【图文讲解】

　　图 7-30 所示为典型编码式遥控发射电路。该电路是由遥控键盘矩阵电路、M50110P 调制编码集成电路及放大驱动电路三部分组成的。

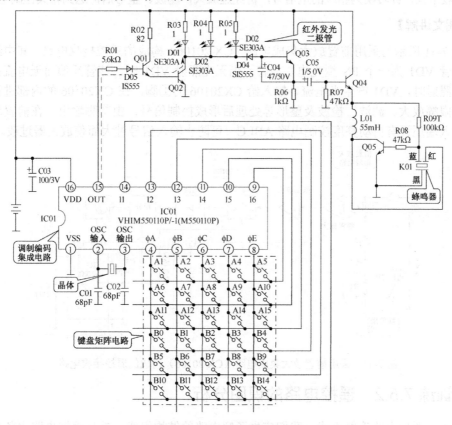

图 7-30　编码式遥控发射电路

该电路的核心是 IC01（M50110P）构成的调制编码集成电路，其④脚～⑭脚外接遥控键盘矩阵电路，即人工指令输入电路。K01 为蜂鸣器，Q03、Q04 为蜂鸣器驱动晶体管，发射信号时蜂鸣器发声，提示使用者信号已发射出去。

操作按键后，IC01 对输入的人工指令信号进行识别、编码，通过⑮脚输出遥控指令信号，经 Q01、Q02 放大后去驱动红外发光二极管 D01～D03，发射出遥控（红外光）信号。

【资料链接】

在电子产品中，常用红外发光二极管来发射红外光信号。常用的红外发光二极管的外形与 LED 发光二极管相似，但 LED 发光二极管发射的光是可见的，而红外发光二极管发射的光是不可见光。

常见的红外发光二极管，按其功率可分为小功率（1 mW~10 mW）、中功率（20 mW~50 mW）和大功率（50 mW~100 mW 以上）三大类。使用不同功率的红外发光二极管时，应配置相应功率的驱动管（驱动电路），才能使遥控的距离得到保证。要使红外发光二极管产生调制光，就需要将控制脉冲调制到一定频率的载波上。

2. 遥控接收电路的特点

遥控发射电路发射出的红外光信号，需要特定的电路接收，才能起到信号远距离传输、控制的目的，因此电子产品上必定会设置遥控接收电路，组成一个完整的遥控电路系统。遥控接收电路通常由红外接收二极管、放大、滤波和整形等电路组成，它们将遥控发射电路送来的红外光接收下来，并转换为相应的电信号，再经过放大、滤波、整形后，送到相关控制电路中。

【图文讲解】

图 7-31 所示为采用前置放大集成电路（CX 20106）构成的遥控接收电路。其中红外接收二极管 VD1 为一个 PN 型光电二极管，当无光照射 VD1 时，该管反偏而无电流；当有红外光照射时，VD1 产生光电流，输入给 CX20106 的①脚，在 CX20106 的内部进行前置放大、限幅放大、滤波、检波及整形等处理后形成控制信号，由⑦脚输出。在前置放大电路的输入端还设有自动亮度控制电路 ABLC，可防止输入信号过大而使放大器过载。

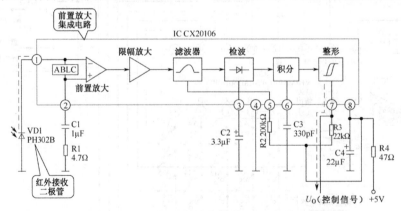

图 7-31　采用前置放大集成电路（CX 20106）构成的遥控接收电路

技能训练 7.5.2　遥控电路的识图分析

对于"遥控电路"的识读，我们应先了解电路的结构组成，然后根据电路中各种关键元器件的作用、功能特点，对电路的信号流程进行识读分析。下面将通过实例详细介绍"遥控电路"的识读方法。

1. 多功能遥控发射电路的识读演练

【图解演示】

图 7-32 是多功能编码式遥控发射和遥控接收电路。其中，遥控发射电路主要由遥控发射信号产生集成电路 μPD1913C、红外发光二极管、晶体、键盘矩阵电路等构成；遥控接收电路主要由红外接收二极管 PH302、遥控接收信号处理集成电路 μPC1373H、微处理器 μPD550C 及外围元件构成。

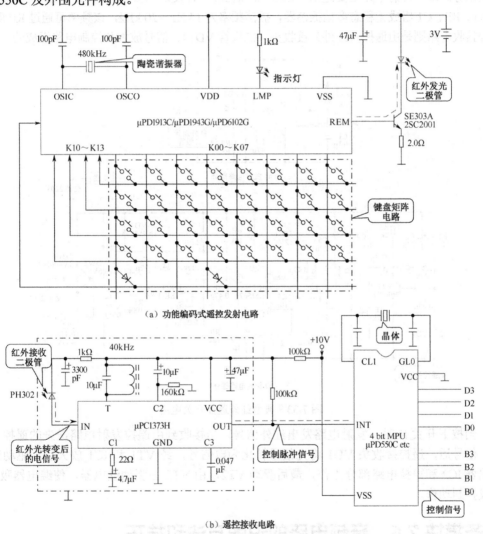

(a) 功能编码式遥控发射电路

(b) 遥控接收电路

图 7-32 多功能编码式遥控发射和遥控接收电路

找到了该电路中的主要元器件后，便可对电路进行识读。通过对电路的分析，我们可以识读出：通过操作按键为 μPD1913C 送入人工指令信号，经芯片识别后由 REM 端输出遥控信号，该信号经晶体管驱动红外发光二极管，发射出红外遥控信号。

μPD1913C 将振荡、编码和调制电路集成在一起，其外接晶体与芯片内部振荡电路产生 480 kHz 时钟信号；键盘矩阵电路为 IC 提供人工指令信号；LMP 端外接发光二极管指示工作状态。

红外接收二极管 PH302 将接收的电信号送入 μPC1373H，经放大整形后由 OUT 端输出控制脉冲信号，然后送到微处理器 μPD550C 中，经过识别后，根据内存的程序输出各种控制指令（D0～D3，B0～B3）。

2. 红外遥控开关电路的识读演练

【图解演示】

图 7-33 所示为一种典型红外遥控开关电路，该电路主要包括遥控发射电路和遥控接收电路两部分。遥控发射电路主要是由 NE555 振荡器和红外发射二极管构成的。NE555 集成电路与 R1、RP、C1 组成无稳态多谐振荡器，振荡频率为 1 kHz～20 kHz，该频率可通过 RP 确定；遥控接收电路则是由遥控（红外）接收头（二极管 VD1）、信号放大和控制电路组成的。

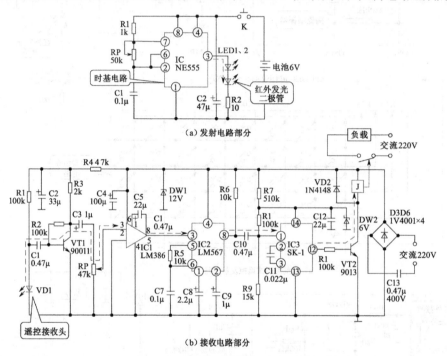

（a）发射电路部分

（b）接收电路部分

图 7-33　典型红外遥控开关电路

当按下开关 K 时，发射电路发出红外信号。当接收到由遥控发射电路送来的遥控（红外）信号后，遥控接收头 VD1 将光信号转化为电信号，经 VT1 和 IC1 放大后，驱动音频译码器 IC2 和声控电路部分工作，最后驱动 VT2，由 VT2 去驱动继电器，使继电器吸合，完成控制动作。

任务模块 7.6　音频电路的识图方法和技巧

新知讲解 7.6.1　音频电路的特点

技能训练 7.6.2　音频电路的识图分析

扫码阅读

项目八
小家电实用电路识图技能

日常生活中，小家电产品的应用越来越广泛，下面将以最为常见的几种小家电，如电饭煲、微波炉、电磁炉等的电路组成和识图技巧入手，综合介绍该类电子产品电路的共性，并以实际产品中的实用电路为例，详细介绍识图的具体过程，通过本章的学习应能基本掌握小家电产品实用电路的基本识图技能。

任务模块 8.1　电饭煲实用电路识图

电饭煲是利用其锅体底部的炊饭电热器（电热盘）产生高热量，以实现炊饭功能的炊饭器具，如图 8-1 所示。

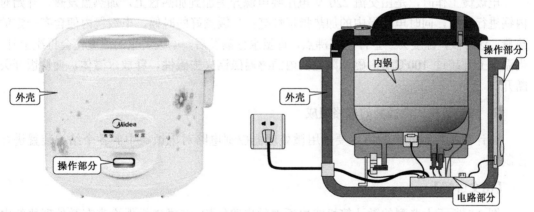

图 8-1　电饭煲的实物外形及结构示意图

新知讲解 8.1.1　电饭煲实用电路组成

从整机结构和实现功能上来讲，电饭煲主要包括加热组件、保温组件、压力保护装置、机械控制组件、操作部分、控制部分和电源供电等部分。但是由于电饭煲的品牌、型号不同电饭煲的内部结构电路各有特色。因而，在对电饭煲具体电路进行识读的过程中，应首先了解电饭煲的整机结构特点,熟悉电饭煲各结构部分的工作状态。

电饭煲根据控制方式的不同,可以分为机械式电饭煲和微计算机式电饭煲两种。控制方式不同,内部的电路结构也有所不同。

1. 机械式电饭煲的电路组成

机械式电饭煲主要通过杠杆联动装置对电饭煲进行加热保温控制。

【图文讲解】

图 8-2 所示为典型机械式电饭煲的电路结构。该类电饭煲内部主要由热熔断器、磁钢限温器、加热盘、供电微动开关、双金属片恒温器、加热指示灯、保温指示灯等几个关键的电气部件组成电路。

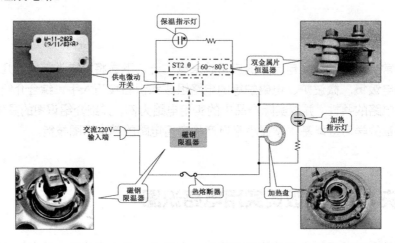

图 8-2 典型机械式电饭煲的电路结构

电饭煲工作时,是由交流 220 V 电压经电源开关加到加热盘上,加热盘发热,开始对内锅进行炊饭,同时电饭煲中的加热指示灯亮;当饭煮好的时候,电饭煲内便含有一定的热量。这时候,温度会一直停留在沸点,直至水分蒸发后,电饭煲里的温度便会再次上升。当温度上升超过 100℃后,磁钢限温器内的感温磁钢失去磁性,释放永磁体,使炊饭开关断开。

2. 微计算机式电饭煲的电路组成

微计算机控制式电饭煲主要采用微处理器控制电路对电饭煲中的各个结构装置进行控制。

【图文讲解】

图 8-3 所示为典型的微计算机式电饭煲的电路结构。该类电饭煲由带有微处理器的电路板实现整机控制。电路部分主要是由电源供电电路、操作显示电路、加热控制电路、保温控制电路、温度检测电路、压力保护控制、蜂鸣器驱动电路和微处理器芯片等部分构成的。

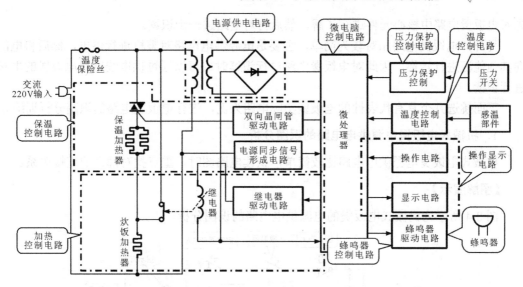

图 8-3　典型的电饭煲整机电路框图

① 电源供电电路。接通电源后，交流 220 V 市电通过降压变压器进行降压处理后，经过整流滤波和稳压后，为微计算机控制电路、保温控制电路、加热控制电路、操作显示电路等部分提供直流电压。

② 操作显示电路。当通过操作按键输入人工指令后，操作电路将人工指令信号送入到微处理器芯片中，通过微处理器做出加热判断。并且用户在对电饭煲进行操作的同时，微处理器驱动显示屏显示当前电饭煲的工作状态。

③ 加热控制电路。微计算机控制电路输出的加热信号，送到继电器驱动电路后，继电器的触点接通，AC 220 V 的电压便加到炊饭加热器上，炊饭加热器开始工作。

④ 保温控制电路。饭熟后，感温部件将温度信号传输到控制电路中，微处理器对温度信号处理后，输出触发信号驱动双向晶闸管工作，接通保温加热器的保温电路，电饭煲开始进入保温状态。

⑤ 温度控制电路。电饭煲在炊饭状态，温度控制电路通过感温部件，将电饭煲中内锅的温度信号，传输到温度控制电路中，一旦炊熟，温度上升，微计算机控制电路便会将电饭煲的炊饭状态转为保温状态。

⑥ 压力保护控制电路。电饭煲盖上锅盖后，通过压力保护装置实现电饭煲内部的空间密封性。当电饭煲工作时，随着内部温度的不断升高，电饭煲内部的压力也不断地增加，当达到压力开关的设定压力值时，压力开关动作。此时，使电饭煲的限压阀开始泄压。

⑦ 微计算机控制电路。微计算机控制电路是电饭煲的控制中心，该电路为电饭煲的各个电路提供控制信号。若微处理器不正常，可能会引起电饭煲不工作、无显示、不加热、操作失常等故障。

⑧ 蜂鸣器驱动电路。电饭煲通电后，当对电饭煲输出人工指令时，或电饭煲煮熟饭后，微计算机控制电路都会将蜂鸣信号输送到蜂鸣器驱动电路中，驱动蜂鸣器工作。

技能训练 8.1.2　电饭煲实用电路识图分析

电饭煲核心部件主要是炊饭加热器以及控制部分。在对电饭煲电路进行识读时，可以先对电饭煲电路中核心元件进行了解，然后再对电路进一步识读。

另外，电饭煲电路相对较为简单，主要是电源供电电路对整机进行供电，然后将电能向其他能源进行转换，因此对电饭煲电路进行识读时，可以通过供电线路对电饭煲的电路进行识读。

下面挑选几个具有代表性的电饭煲实际电路为例，进行电饭煲电路的识图分析训练。

1. 机械式电饭煲电源供电电路的识图分析

机械式电饭煲电源供电电路比较简单，识读电路图时，重点找对部件的连接关系。

【图解演示】

图 8-4 所示为机械式电饭煲的电源供电电路的识图分析。

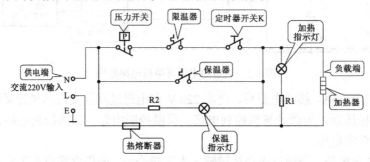

图 8-4 典型机械式电饭煲的电源供电电路的识图分析

具体识图分析过程如下：

交流 220 V 电源，经过熔断器进入到电饭煲电路中，经过多个开关为电饭煲的加热器、指示灯、定时器开关、限温器等提供工作电压。

2. 微计算机式电饭煲电源供电电路的识图分析

在识读电源供电电路时，可先划分交、直流供电电路。其中交流输入电路是由过压保护器、滤波电容器和降压变压器等构成的，这些元器件在电源线连接端的附近。而直流供电电路则是与降压变压器次级绕组连接的元器件，如桥式整流电路、滤波电容器和稳压电路等。之后，根据各部件的功能及电路走线，逐步理清供电电路的信号流程。

【图解演示】

图 8-5 所示典型微计算机式电饭煲电源供电电路的识图分析。

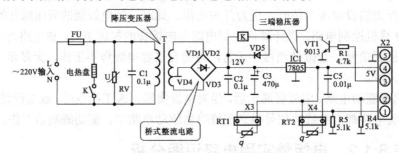

图 8-5 典型微计算机式电饭煲电源供电电路的识图分析

具体识图分析过程如下：

① AC 220 V 市电，送入电路后，通过 FU（热熔断器）将交流电输送到电源电路中。热熔断器主要起保护电路的作用，当电饭煲中的电流过大或电饭煲中的温度过高时，热熔断器熔断，切断电饭煲的供电。

② 交流 220 V 进入到电源电路中，经过降压变压器降压后，输出 12 V、10 V 等交流低压。

③ 12 V、10 V 交流低压经过桥式整流电路和滤波电容，整流滤波后，变为直流低压，直流低压再送到稳压电路中。

④ 稳压电路对整流电路输出的直流电压进行稳压后，输出＋5 V 的稳定电流电压，稳压 5 V 为微计算机控制电路提供工作电压。

3. 微计算机控制电路的识图分析

微计算机控制电路为电饭煲的各个电路提供控制/驱动信号，使电饭煲可以正常的工作。在电饭煲工作时，微计算机控制电路时刻检测电饭煲的工作情况，并能根据传感信息判断电饭煲是否进行关机保护，微处理器根据人工操作指令，输出控制信号，并通过显示电路显示当前工作状态，并能自动判断电饭煲的故障部位，进行故障代码的显示等。

识读该电路时可首先根据关键元件功能，划分成几个更小的单元电路，将复杂电路简单化，然后逐一对小单元电路进行识读，最终完成对整机电路过程的识读和了解。

【图解演示】

图 8-6 所示为典型电饭煲微计算机控制电路的识图分析。

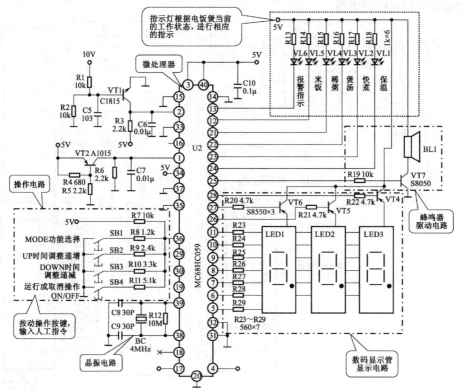

图 8-6 典型电饭煲系统控制电路的识图分析

具体识图分析过程如下：

电源供电、复位电路、晶振是为微处理器提供基本工作条件的电路，这些电路不正常，微处理器不能进入工作状态。

① 微计算机控制电路由低压整流滤波电路送入的+5 V 电压开始工作，微处理器控制芯片的③、④脚为电源供电端。

② 谐振晶体与微处理器控制芯片中的振荡电路组成晶振电路，为微处理器③⑧、③⑨脚提供时钟信号。

③ 复位电路为微处理器控制芯片提供复位信号，使芯片内的程序复位。复位电路产生的复位信号加到微处理器的①脚。

④ 电饭煲通电后，操作电路有+5 V 的工作电压后，按动电饭煲的操作按键，输入人工指令对电饭煲进行操作。人工指令信号由操作电路输入到微处理器中，微处理器处理后，根据当前的电饭煲工作状态，直接控制指示灯的显示。

⑤ 指示灯（LED）由微处理器控制，根据当前电饭煲的工作状态，进行相应的指示。

⑥ 当通过操作电路对电饭煲进行定时设置时，数码显示管通过驱动电路的驱动，显示电饭煲的定时时间。

4. 保温控制电路的识图分析

【图解演示】

图 8-7 所示为典型电饭煲保温控制电路，由双向晶闸管可以找到双向晶闸管驱动电路，即找到电饭煲保温控制电路。

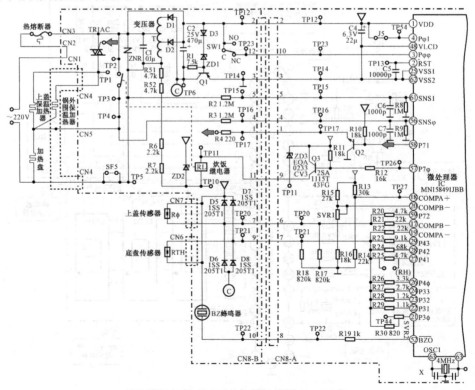

图 8-7　典型电饭煲保温控制电路

识读该电路图，可以首先找到相应功能电路中起到关键作用的元件，以此简化电路关系，完成识图。

图 8-8 所示为炊饭加热器的工作过程。

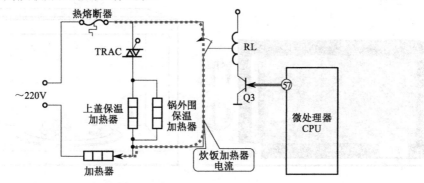

图 8-8　炊饭加热器的工作过程

① 炊饭加热启动后，CPU 的 ㊗ 脚输出高电平，Q3 导通。

② 继电器 RL 动作，触点接通。

③ 交流 220 V 电源经继电器的触点为加热器供电，开始炊饭。

图 8-9 所示为保温控制电路的简易图工作原理。

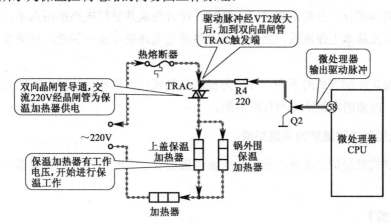

图 8-9　保温组件控制电路

① 电饭煲煮熟饭后，会自动进入到保温状态，此时，微处理器为保温组件控制电路输出驱动脉冲信号。

② 经晶体管 Q2 反相放大后，加到双向晶闸管 TRAC 的触发端，即控制极（G）。

③ 双向晶闸管接收到控制信号后，导通。此时，交流 220 V 经双向晶闸管为保温加热器供电。

④ 保温加热器有工作电压后，开始进入保温状态。

任务模块 8.2　微波炉实用电路识图

微波炉是一种靠微波加热食物的炊具，利用微波的高频率（微波频率一般为 2.4 GHz

的电磁波）可以被金属反射、可以穿过玻璃、陶瓷、塑料等绝缘材料的特性加热食物、具有加热速度快、效率高、清洁卫生等特点，如图 8-10 所示。

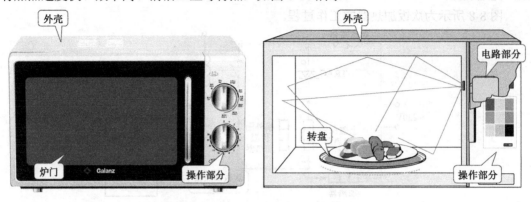

图 8-10　电饭煲的实物外形及结构示意图

新知讲解 8.2.1　微波炉实用电路组成

微波炉整机结构主要包括微波加热组件及其控制电路、烧烤加热组件、炉门联锁开关组件、转盘组件、过热保护电路、风扇组件、操控显示电路、控制电路、定时/火力控制组件、电源电路等部分。在对电路进行识读时，可首先从其整机电路框图入手，初步掌握电路的主要部件及基本工作流程，之后，再对各单元电路进行逐一识读，理清电路中的具体信号流程。

根据微波炉控制方式的不同，可分为机械控制式微波炉和微计算机控制式微波炉，控制方式不同，内部的电路结构也有所不同。

1. 机械控制式微波炉的电路组成

机械控制式微波炉主要是由高压变压器、磁控管、定时器开关、温控器、次级开关等器件构成的。

【图文讲解】

图 8-11 所示为典型机械控制式微波炉的电路结构。可以看到，该类微波炉的电路主要由定时器开关、火力控制开关、温控器、高压变压器、高压二极管、高压电容、磁控管等电气部件构成。

① 这种电路的主要特点是由定时器控制高压变压器的供电。定时器定时旋钮启动后，交流 220 V 电压便通过定时器为高压变压器供电。当到达预定时间后，定时器回零，便切断交流 220 V 供电，微波炉停机。

③ 微波炉的磁控管是微波炉中的核心部件。它是产生大功率微波信号的器件，它在高电压的驱动下能产生 2450 MHz 的超高频信号，由于它的波长比较短，因此这个信号被称为微波信号。利用这种微波信号可以对食物进行加热，所以磁控管是微波炉里的核心部件。

③ 给磁控管供电的重要器件是高压变压器。高压变压器的初级接 220V 交流电，高压变压器的次级有两个绕组，一个是低压绕组，一个是高压绕组，低压绕组给磁控管的阴极

供电，磁控管的阴极相当于电视机显像管的阴极。

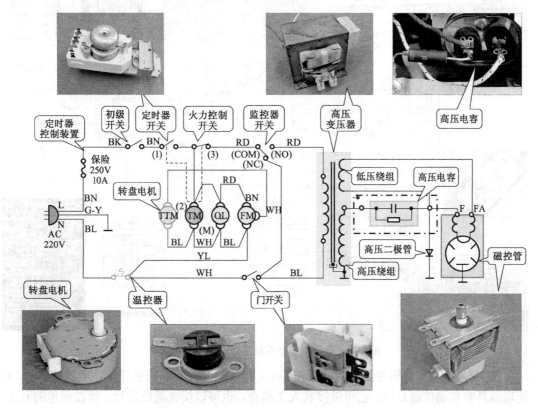

图 8-11　典型机械控制式微波炉的电路结构

④ 给磁控管的阴极供电就能使磁控管有一个基本的工作条件。高压绕组线圈的匝数约为初级线圈的 10 倍，所以高压绕组的输出电压也大约是输入电压的 10 倍。如果输入电压为 220 V，高压绕组输出的电压约为 2000 V，这个高压是 50 Hz 的，经过高压二极管的整流，就将 2000 V 的电压变成 4000 V 的高压。磁控管在高压下产生了强功率的电磁波，这种强功率的电磁波就是微波信号。微波信号通过磁控管的发射端发射到微波炉的炉腔里，在炉腔里面的食物由于受到微波信号的作用就可以实现加热。

2．微计算机控制式微波炉的电路组成

微计算机控制式微波炉的高压线圈部分和机械控制式的微波炉基本相同，所不同的是控制电路部分。微计算机控制式微波炉的主要器件和机械控制式微波炉是一样的，即产生微波信号的都是磁控管。其供电电路由高压变压器、高压电容和高压二极管构成。高压电容和高压变压器的线圈产生 2450 MHz 的谐振。

【图文讲解】

图 8-12 所示为典型微计算机控制式微波炉的电路结构。可以看到，该类微波炉电路部分处理高压变压器、高压电容、磁控管等基本电气部件外，还设有专门的电路板对整机电路进行控制。

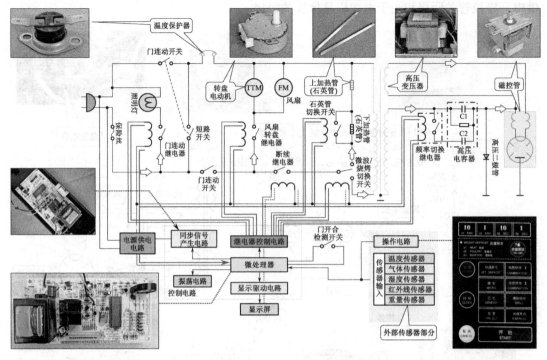

图 8-12　典型微电脑控制式微波炉的电路结构

① 在采用微计算机控制装置的微波炉中，微波炉的控制都是通过微处理器控制的。微处理器具有自动控制功能。它可以接收人工指令，也可以接收遥控信号。微波炉里的开关、电机等都是由微处理器发出控制指令进行控制的。

② 在工作时，微处理器向继电器发送控制指令即可控制继电器的工作。继电器的控制电路有 5 根线，其中一根控制断续继电器，它是用来控制微波火力的。即如果使用强火力，继电器就一直接通，磁控管便一直发射微波对食物进行加热。如果使用弱火力，继电器便会在微处理器的控制下间断工作，例如可以使磁控管发射 30s 微波后停止 20s，然后再发射 30s，这样往复间歇工作，就可以达到火力控制的效果。

第二条线是控制微波/烧烤切换开关，当微波炉使用微波功能时，微处理器发送控制指令将微波/烧烤切换开关接至微波状态，磁控管工作对食物进行微波加热。当微波炉使用烧烤功能时，微处理器便控制切换开关将石英管加热电路接通，从而使微波电路断开，即可实现对食物的烧烤加热。

第三条线是控制频率切换继电器从而实现对电磁灶功率的调整控制。第四根和第五根线分别控制风扇/转盘继电器和门联动继电器。通过继电器对开关进行控制可以实现小功率、小电流、小信号对大功率、大电流、大信号的控制。同时，便于将工作电压高的器件与工作电压低的器件分开放置对电路的安全也是一个保证。

③ 在微波炉中，微处理器专门制作在控制电路板上，除微处理器外，相关的外围电路或辅助电路也都安装在控制电路板上。其中，时钟振荡电路是给微处理器提供时钟振荡的部分。微处理器必须由一个同步时钟，微处理器内部的数字电路才能够正常工作。同步信号产生器为微处理器提供同步信号。微处理器的工作一般都是在集成电路内部进行，用户是看不见摸不着的，所以微处理器为了和用户实现人工对话，通常会设置有显示驱动电路。

显示驱动电路将微波炉各部分的工作状态通过显示面板上的数码管、发光二极管、液晶显示屏等器件显示出来。这些电路在一起构成微波炉的控制电路部分。它们的工作一般都需要低压信号，因此需要设置一个低压供电电路，将交流 220 V 电压变成 5 V、12 V 直流低压，为微处理器和相关电路供电。

技能训练 8.2.2　微波炉实用电路识图分析

了解了微波炉的电路结构之后，我们挑选几个具有代表性的微波炉实际电路为例，进行微波炉电路的识图分析训练。

识图微波炉电路图前，了解该类电子产品的电路特点，对准确识图很有帮助。通常，微波炉的电路部分相对其他电器产品来说，其电路部分比较简单，但都有比较特殊的元器件，通常一个电路图基本能诠释整个产品。另外，在微波炉电路中，通过电路部件的控制可以使能量转换器件进行工作，达到了很好的结合。

识读微波炉电路时一般可从两方面入手进行识读。第一，顺信号流程从核心部件入手识读电路。搞清核心部件的工作过程和原理，最终由核心器件（掌握结构和工作原理）体现和实现产品功能。然后，通过典型器件对电路大体功能进行诠释，再对信号流程和工作原理进行介绍。第二，从电源供电角度入手。微波炉可以实现对食物的加热过程，主要是由于电能向其他能源的转换过程，因此从供电的角度入手，根据电源供电的过程了解整个电路的功能和原理，也是学习微波炉电路识读的一个重要特点。

下面挑选几个具有代表性的微波炉实际电路为例，进行微波炉电路的识图分析训练。

1．典型机械控制式微波炉电路的识图分析

【图解演示】

图 8-13 所示为典型机械控制式微波炉整机电路的识图分析。由图可见，该微波炉也是由定时器等机械装置进行整机控制的。在电路中由定时器控制高压变压器的供电。定时器式定时旋钮旋到一定时间后，交流 220 V 电压便通过定时器为高压变压器供电。当到达预定时间后，定时器回零，便切断交流 220 V 供电，微波炉停机。

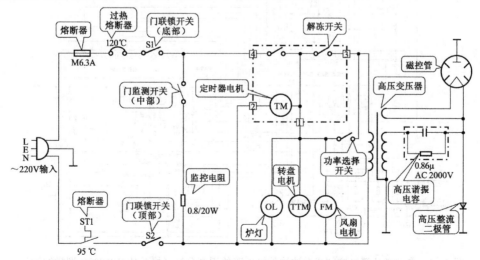

图 8-13　典型机械控制式微波炉整机电路的识图分析（夏普 R—211A 型微波炉电路）

具体识图分析过程如下：

① 微波炉的磁控管是微波炉中的核心部件。它是产生大功率微波信号的器件，它在高电压的驱动下能产生 2450MHz 的超高频信号，由于它的波长比较短，因此这个信号被称为微波信号。利用这种微波信号可以对食物进行加热，所以磁控管是微波炉里的核心部件。

② 高压变压器用于给磁控管供电。高压变压器的初级接 220 V 交流电，高压变压器的次级有两个绕组，一个是低压绕组，一个是高压绕组，低压绕组给磁控管的阴极供电，磁控管的阴极相当于电视机显像管的阴极，给磁控管的阴极供电就能使磁控管有一个基本的工作条件。

【资料链接】

高压绕组线圈的匝数约为初级线圈的 10 倍，所以高压绕组的输出电压也大约是输入电压的 10 倍。如果输入电压为 220 V，高压绕组输出的电压约为 2 000 V，这个高压是 50 Hz 的，经过高压二极管的整流，就将 2 000 V 的电压变成 4 000 V 的高压。当 220 V 是正半周时，高压二极管导通接地，高压绕组产生的电压就对高压电容进行充电，使其达到 2 000 V 左右的电压。当 220 V 是负半周时，高压二极管是反向截止的，此时高压电容上面已经有 2 000 V 的电压，高压线圈上又产生了 2 000 V 左右的电压，加上电容上的 2000 V 电压大约就是 4 000 V 的电压加到磁控管上。

③ 磁控管在高压变压器的送来的 4 000 V 高压下产生了强功率的电磁波，这种强功率的电磁波就是微波信号。微波信号通过磁控管的发射端发射到微波炉的炉腔里，在炉腔里面的食物由于受到微波信号的作用就可以实现加热。

2. 典型微计算机控制式微波炉电路的识图分析

【图解演示】

图 8-14 所示为典型微计算机控制式微波炉整机电路的识图分析。可以看到，该电路是以微处理器 IC1（TMP47C400RN）为核心的控制电路。

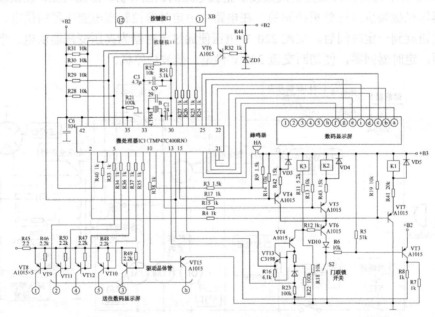

图 8-14 典型微计算机控制式微波炉整机电路的识图分析（格兰仕 WD900B 型微波炉）

具体识图分析过程如下：

① 由电源电路送来的 6 V 供电电压送入微处理器 IC1（TMP47C400RN）的㊷脚、㉟脚和㉞脚，为 IC1 提供工作电压。

② 微处理器 IC1（TMP47C400RN）的㉝脚为复位信号输入端，外接晶体三极管 VT6 等元器件。

③ 微处理器 IC1（TMP47C400RN）的㉛脚和㉜脚外接晶体 B，用来产生 4.19 MHz 的时钟晶振信号。

④ 微处理器 IC1（TMP47C400RN）的㉖脚～㉙脚、㊱脚～㊴脚为键控信号输入端，用来接收人工指令信号；⑤脚～⑩脚、⑰脚～⑳脚、㉒脚～㉕脚为显示驱动信号输出端，用来控制数码显示屏工作。

任务模块 8.3　电磁炉实用电路识图

电磁炉是一种利用电磁感应原理进行加热的电热炊具，可以进行煎、炒、蒸、煮等各种烹饪，使用非常方便，图 8-15 所示为其实物外形及结构示意图。

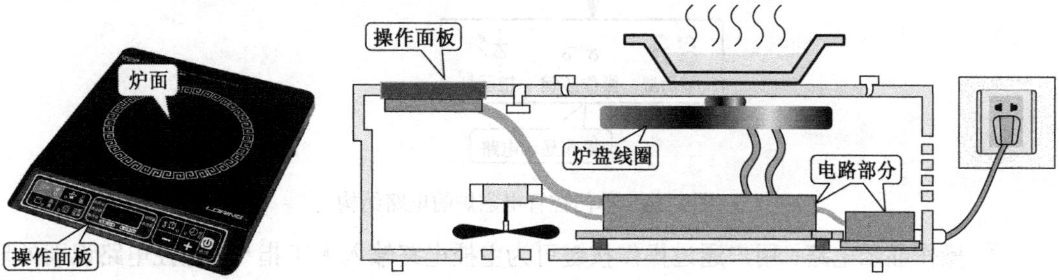

图 8-15　电磁炉的实物外形及结构示意图

新知讲解 8.3.1　电磁炉实用电路组成

从整机电路结构和实现功能上来说，电磁炉是由操作显示电路、电源供电电路、功率输出电路和主控电路构成的。其中主控电路部分又可根据电路功能分为 PWM 驱动电路、PWM 调制电路、同步振荡电路、MCU 智能控制电路。

不同品牌和不同型号的电磁炉又具有各种不同的检测保护电路，如浪涌保护电路、电压检测电路、电流检测电路等，这些电路各具特色，使电磁炉在使用上更加安全可靠。因而，在学习检修过程中，应首先了解其整机结构特点，熟悉各单元电路的工作状态。

根据电磁炉形成高频开关振荡电压的元器件 IGBT 管（门控管）的个数，其电磁炉的电路结构可分为单门控管电磁炉和双门控管电磁炉。

1. 单门控管电磁炉的电路结构

【图文讲解】

图 8-16 所示为单门控管电磁炉的电路结构。

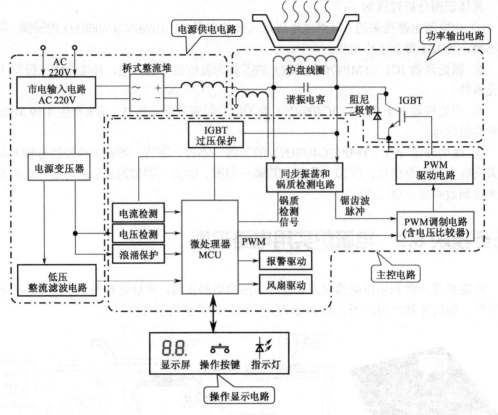

图 8-16　单门控管电磁炉的电路结构

① 操作显示电路：用户通过操作按键可为主控电路输入人工指令；主控电路识别处理后，输出控制信号，同时将相应工作状态信号送回操作显示电路中，显示电磁炉当前工作状态。

② 电源供电电路输出分两路：一路送往功率输出电路，为电路提供+300 V 供电电压；另一路经降压和整流滤波输出多路直流低压为主控电路供电。

③ 功率输出电路：在主控电路控制下进入工作状态，实现电磁炉的炊饭功能。

IGBT 的驱动电流是由 PWM 调制信号送入 PWM 驱动电路产生的。PWM 调制电路受到同步振荡电路及其他几个电路控制的。其中同步振荡电路是产生脉宽调制信号（PWM 调制信号）的电路，如果 MCU 送出的控制信号和 PWM 调制电路产生的信号不同步，就不容易对脉冲（PWM）信号进行控制。

④ 主控电路：其他各部分电路都与该电路有一定关联。当满足供电等基本工作条件后，便进入准备工作状态，一旦操作显示电路有指令送入便根据控制指令进行相应控制，实现整机自动控制功能。

在进行过压、过流和温度保护的时候，一般都是通过对振荡电路进行控制，使振荡电路停振，那么整机也就停止工作了。

2. 双门控管电磁炉的电路结构

【图文讲解】

图 8-17 所示为双门控管电磁炉的整机结构图，炉盘线圈是由两个 IGBT 管（门控管）组成的控制电路控制的。

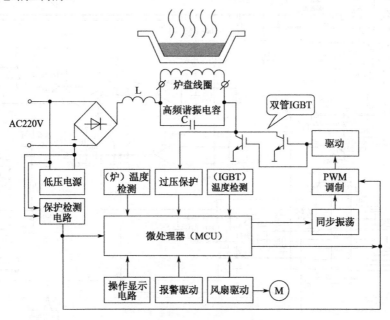

图 8-17　双门控管电磁炉的电路结构

电磁炉是采用双 IGBT 管（门控管）控制的。也就是说，炉盘线圈导通或截止的控制是由两个 IGBT 管（门控管）一起控制。两个 IGBT 管（门控管）的基极受驱动电路的控制，将 PWM 调制信号放大到足以能够驱动 IGBT 管（门控管）工作所需要的电流。

技能训练 8.3.2　电磁炉实用电路识图分析

电磁炉电路相对较为简单，主要是由控制电路控制整机的工作状态，在对电磁炉电路进行识读时，一般从控制信号入手，逐一对电路进行识读。我们挑选几个具有代表性的电磁炉实际电路为例，进行电磁炉电路的识图分析训练。

1. 典型电磁炉整机电路的识图分析

【图解演示】

图 8-18 所示为典型电磁炉的整机电路。从图可以看到，该电磁炉电路部分主要分为电源供电电路、功率输出电路、主控控制电路等部分，另外操作显示电路未画出，该单路通过插件 CON8 与主控电路相连接。

具体识图分析过程如下：

① 交流 220 V 输入电压接入电磁炉的电源供电电路后，分成两路：一路经熔断器 FUSE1、过压保护器 NR1、电容器 C3、电阻器 R6、桥式整流堆、扼流圈 L1、滤波电容 C6 后输出+300 V 直流电压（即交流输入及整流滤波电路）；另一路经插件 CN5 后，再经降

压变压器 T2 降压，分别输出交流 20 V、交流 22 V、交流 19 V，分别经整流滤波电路后输出直流+18 V、+13.5 V、+5 V 等电压。

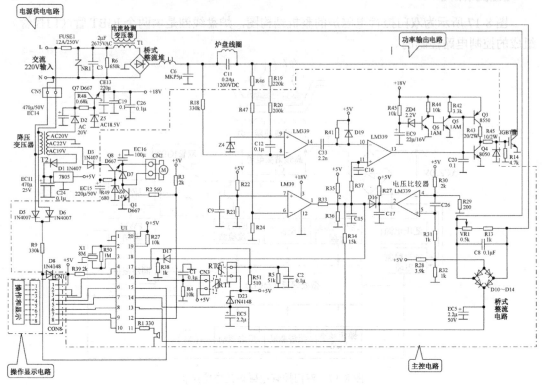

图 8-18　典型电磁炉的整机电路（美的 MC—EY182 型）

②　功率输出电路主要由炉盘线圈、高频振荡电容 C11、IGBT 等部分构成的，有些电路还可能安装有阻尼二极管。+300 V 直流电压为炉盘线圈供电，IGBT 的基极接收 PWM 驱动电路送来的驱动信号，经其放大后由集电极输出脉冲信号送到高频振荡电容和炉盘线圈构成的谐振电路中，使其正常工作。

③　主控电路是电磁炉中的主控电路板，其内部包含很多单元电路，如电压检测电路（过压检测电路）、温度检测电路、电流检测电路（过流检测电路）、IGBT 过压保护电路、PWM 驱动电路、同步振荡电路、微处理器控制电路等电路，这些电路相互协作，实现电磁炉的检测与控制功能。

④　操作显示电路通过插件 CON8 与主控电路相连，实现对电磁炉的启动、停止等控制功能，并将主控电路输出到状态信号进行显示，提醒用于电磁炉当前工作状态。

2. 典型电磁炉主控电路的识图分析

【图解演示】

图 8-19 所示为典型电磁炉的主控电路的原理图。可以看到，该电路主要是由蜂鸣器驱动电路、温度检测电路、电流检测电路、直流电源供电电路、同步振荡电路、PWM 驱动放大器、操作显示电路接口、微处理器（MCU）控制电路等构成的。

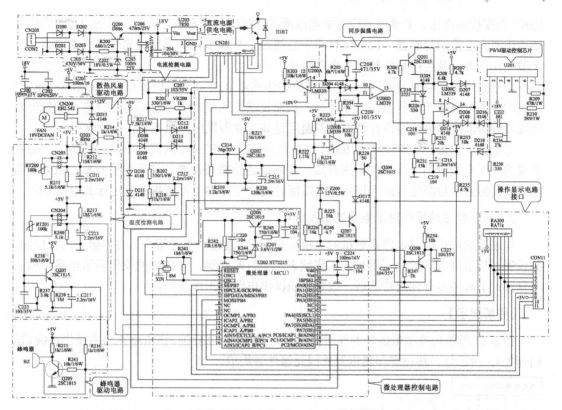

图 8-19　典型电磁炉的主控电路原理图（美的 MC—SY195J 型）

具体识图分析过程如下：

① 微处理器（ST72215）的㉜脚为 +5 V 电压供电端，②脚和③脚外接 8 MHz 晶体，用来产生时钟振荡信号；⑬脚输出 PWM 控制信号，送往 PWM 驱动电路中。

② 该电磁炉的 PWM 驱动电路主要由 U201（TA8316S）及外围元件构成。

U201（TA8316S）的②脚为电源供电端，①脚为 PWM 调制信号输入端，PWM 调制信号经 TA8316 进行放大后，将放大的信号由⑤脚和⑥脚输出，输出信号经插件 CN201 输出，送至功率输出电路中。TA8316 的⑦脚为钳位端。

③同步振荡电路。炉盘线圈两端的信号经插件 CN201 加到电压比较器 LM339 的⑩脚和⑪脚，经比较器由⑬脚输出同步振荡信号，再经电压比较器 U200 C，由⑭脚输出与微处理器送来的 PWM 信号合成，再送到 TA8316 的①脚，进行放大。

④ 微处理器的⑫脚输出蜂鸣器驱动脉冲信号，经电阻器 R243 后送到驱动晶体管 Q209 的基极，经晶体管放大后，驱动蜂鸣器 BZ 发出声响。当电磁炉在开始工作、停机、开机或处于保护状态时，为了提示用户进而驱动蜂鸣器发出声响。

微处理器的⑩脚输出散热风扇驱动信号，经电阻器 R214 后送到晶体管 Q203 的基极，触发晶体管 Q203 导通后，+12 V 开始为散热风扇电动机供电，散热风扇启动运转。

⑤ 电流检测电路。电流检测变压器次级输出信号经 CN201 的②、③脚加到桥式整流电路的输入端，桥式整流电路输出的直流电压经 RC 滤波后送到微处理器的电流检测端⑰脚，如果该脚的直流电压超过设定值，表明功率输出电路过载，微处理器则输出保护信号。

⑥ 温度检测电路。电磁炉的温度检测电路主要包括电磁炉的炉面温度检测电路和

IGBT 温度检测电路。主要用于检测炉盘线圈工作时的温度和 IGBT 工作时的温度,它们主要由炉面温度检测传感器 RT200(位于炉盘线圈上)和 IGBT 温度检测传感器 RT201(位于散热片下方)及连接插件和相关电路构成。

当电磁炉炉面温度升高时,炉面温度检测传感器 RT200 的阻值减小,则 RT200 与 R211 组成的分压电路中间分压点的电压升高,从而使送给微处理器⑭脚的电压升高,微处理器将接收到的温度检测信号进行识别,若温度过高,立即发出停机指令,进行保护。

当电磁炉 IGBT 温度升高时,IGBT 温度检测传感器 RT201 阻值变小,则 RT201 与 R240 组成的分压电路中间分压点的电压升高,从而使送给微处理器⑮脚的电压升高,微处理器将接收到的温度检测信号进行识别,若温度过高,立即发出停机指令,进行 IGBT 保护。

3. 典型电磁炉操作显示电路的识图分析

电磁炉的操作显示电路是整机的人机交互部分,通过该电路用户可对电磁炉进行控制,并且通过显示屏可了解到电磁炉的工作状态、运行时间等。电磁炉的操作显示电路结构并不复杂,了解主要部件的功能后,很容易识读出电路的工作流程。

【图解演示】

图 8-20 所示为典型电磁炉的操作显示电路部分。可以看到,该电路主要由操作按键(微动开关)、指示灯、移位寄存器以及外围元器件等构成。

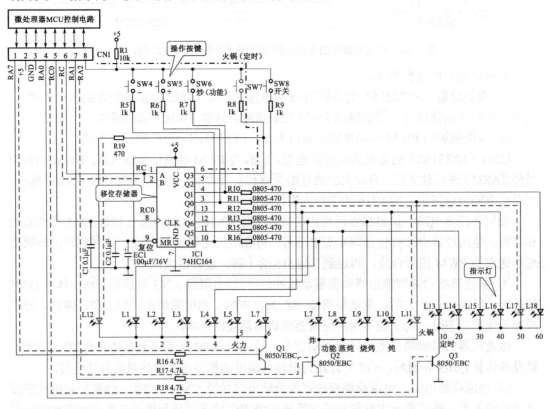

图 8-20　典型电磁炉的操作显示电路(格兰仕 C16A 型)

具体识图分析过程如下:

① 当按下操作显示面板上的火锅按键(SW7)时,移位寄存器的⑥脚输出的信号就会

通过该按键输送到数据连接线的⑧脚上，数据连接线将接收到的信号作为人工指令信号送给微处理器 MCU。

② 微处理器 MCU 接收到人工指令后，输出控制电磁炉的指令和工作状态信号。微处理器经过数据连接线 CN1 的①、④、⑥、⑦脚送出控制晶体管 Q1、Q2、Q3 和集成电路 IC1 的脉冲的信号，CN1 的⑥脚送出的信号输送给移位寄存器的数据输入端的①脚和②脚。

③ 移位寄存器 IC1 对于送来的信号进行移位处理，然后将③～⑥，⑩～⑬脚，输出不同时序的并行脉冲信号，其中③～⑥脚与开关 SW4～SW7 构成人工指令输入电路，晶体管 Q1～Q3 与 IC1 构成发光二极管显示电路。

项目九

家用视听产品实用电路识图技能

目前，家用视听产品已经成为人们生活中必不可少的一类电子产品，常见如影碟机、彩色电视机和平板电视机等。本章从这些常见的家用视听产品实用电路的特点、识图技巧入手，综合介绍该类电子产品电路的共性，并以实际产品中的应用电路为例，详细介绍识图的具体过程，通过本章的学习应能基本掌握家用视听产品实用电路的识读技巧。

任务模块 9.1 影碟机电路的识读技巧

影碟机是一种用于播放光盘的家用视听产品。了解和熟悉影碟机的电路特点是识读该类电子产品电路的基础。下面我们归纳性地对影碟机电路的特点及识图技巧进行介绍，在此基础上再对影碟机电路进行分析识读。

新知讲解 9.1.1 影碟机电路的特点及识图技巧

影碟机虽然种类繁多，结构、功能也有所差异，但其主要组成部件和电路单元还是存在着一定的共性。不管影碟机品牌、型号如何变化，影碟机的整体特征和主要组成部件以及电路的基本原理类似。

1. 影碟机电路的特点

目前，市场上的影碟机产品类型多样，综合考虑其功能、结构及原理有很多相同之处，该类产品的电路具有如下特点。

（1）电路功能多，关联较复杂

影碟机是一种集机、电、光、声等多学科于一体的产品，内部包含有一些与机、光、电相关的精密部件和特殊元件，因此，影碟机电子电路技术含量较高，识读该类产品的电路时，除了从其基本的电路功能入手外，还需要对设备本身的特点有所了解。

（2）大规模集成电路应用广泛

在影碟机产品电路中，大规模集成电路得到了广泛的应用。该类电子产品高集成度的特点，也决定了其选用元件的集成性能。

（3）使用了大量各种功能的数字信号处理电路

在影碟机产品中，特别是影碟机设备中大量使用了各种功能的数字信号处理电路，模拟音频信号在进行处理时，要先变成数字信号，在处理后还要变回模拟信号，往往要使用A/D变换器将模拟信号变成数字信号，使用D/A变换器再变回模拟信号。

【图文讲解】

图9-1所示为典型DVD影碟机的电路结构以及整机方框图，由图可知，该影碟机主要是由主电路板、电源电路板、卡拉OK电路板、操作显示电路板、影碟机的机械部分等部分构成的。

【资料链接】

从整机框图入手，学习影碟机电子电路识图也是一种十分有效的途径。

在图9-1中，电源电路是影碟机正常工作的动力源，只有电源电路正常，其他电路和部件才可能正常工作，该电路是将市电交流220 V进行滤波整流电路变成直流电压再经开关振荡和稳压后输出其他电路所需的各种电压。它通过一组线缆与数字信号处理电路相连（①号线缆）。

卡拉OK电路用于将从话筒插口输入的话筒信号进行放大处理和回响处理，通过②号屏蔽线将信号送入数字信号处理电路中与光盘上读出的音频信号合成，再输出。

操作显示电路与开关按键也由数据线进行连接，该电路接收的各种人工指令信号通过④号数据线传递给数字信号处理电路板，由其内部的微处理器（CPU）进行控制，并输出相应的控制信号。

⑧号线缆为连接激光头的软排线，激光头通过该软排线输出激光头信号和激光二极管功率检测信号送入数字板中进行处理，同时，数字信号处理电路也通过该软排线为激光二极管、聚焦线圈、循迹线圈供电。

⑥号、⑦号线缆分别连接加载电机和主轴、进给电机，主要是为电机提供工作电压，同时，加载电机通过⑥号线缆将开关信号传送到数字板中，由微处理器（CPU）进行控制。

2．影碟机电路的识图技巧

结合影碟机的产品功能和电路特点，在识读影碟机电路时，一般首先找出电路中的主要元件，然后从主要元件的功能或核心芯片的引脚作为入手点进行识读，然后再以主要元件为核心，划分单元电路，逐一识读各单元电路，并根据电路关系，理清信号流程走向完成整个电路的识图分析。

【提示】

识读影碟机电路时，还需要特别注意该类产品内部的激光头和机芯部分与电路之间的关联性，这是识图的基本前提。熟悉了这些知识才能进一步了解影碟机电路的结构、功能、信号处理过程和工作原理。

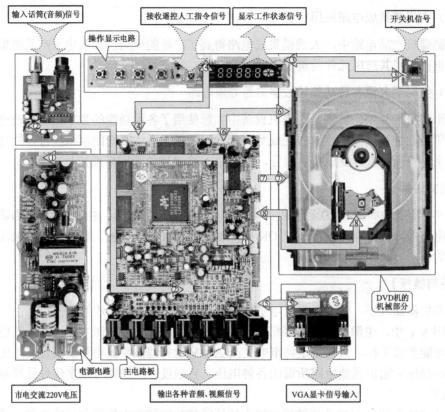

（a）典型影碟机实物外形以及各个组成部件之间的连接关系图

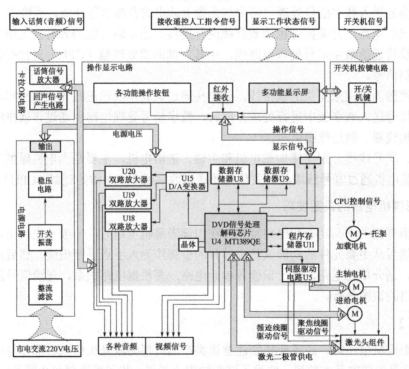

（b）典型影碟机整机方框图

图 9-1　典型影碟机的整机实物外形以及整机方框图（万利达 DVP-801 型）

技能训练 9.1.2　影碟机电路的识读分析案例

1. 典型影碟机电源电路的识读分析

影碟机电源电路主要由熔断器、互感滤波器、桥式整流堆、滤波电容器、启动电阻器、开关变压器、开关振荡集成电路、光电耦合器、误差检测电路等构成，根据这些元件的功能特点，可经该电路划分为交流输入和整流滤波电路、开关振荡电路、次级输出整流滤波等部分，因此对该电路进行识读，可首先识别出这些核心元件，然后按照上述电路模块进行划分，将电路简化后再对整个电路进行识读。

【图解演示】

图 9-2 所示为典型影碟机电路的识图分析。

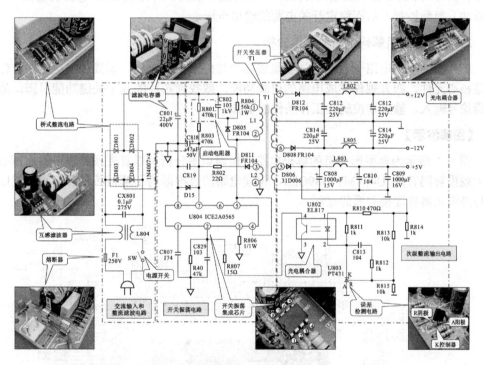

图 9-2　典型影碟机电源电路的识图分析（万利达 DVD-801 型影碟机）

具体识读过程如下：

（1）交流 220V 电压经电源开关 SW、熔丝 F1 送到互感滤波器进行滤波，滤除高频干扰信号和抵制开关电源产生的高频开关干扰对电网的污染。

滤波后的交流电压经桥式整流电路和滤波电容器后，输出的+300V 的直流电压。

（2）开机后，300V 直流电压经开关变压器 T1 的初级绕组 L1 加到 U804 的④、⑤脚，④、⑤脚内接开关场效应晶体管的漏极。

在开机的同时，300 V 直流电压经 R801、R803 等元件形成启动电压加到 U804 的⑦脚，使 U804 内的振荡电路起振，开关变压器 T1 的初级绕组中开始有开关电流产生。

（3）当开关振荡电路起振后，⑦脚电压一般在不低于 8.5 V 的情况下，电路就将一直工作在正常振荡状态下。

（4）电路起振后，开关变压器 T1 的次级绕组 L2 输出的脉冲电压经整流滤波和稳压电路形成正反馈信号并叠加到 U804 的⑦脚，保证⑦脚有足够的直流电压以维持 U804 中振荡电路的振荡，使开关电路进入稳定的振荡状态。

（5）开关振荡集成电路起振后，开关变压器 T1 的次级线圈分别输出开关脉冲信号，次级绕组脚接有整流滤波电路，输出+12 V、-12 V 和+5 V 电压。+5V 电压还经主板稳压电路稳压后得到 3.3 V 电压为集成电路供电。

（6）误差检测电路设在+5 V 的输出电路中，电阻 R813、R815 构成分压电路，其分压点作为取样点，接到误差检测电路 U803 的输入端 R。如果次级整流输出电路输出电压不稳，则取样点的电压会成比例的变化，这种变化会引起 U803 阻抗的变化。

U803 接在光电耦合器 U802 的发光二极管负极，若 U803 阻抗变小，则 U802 中的发光二极管发光强度增强，反之则减弱。同时 U802 内光敏晶体管的阻抗也会随之变化。U802 的④脚到 U804 的稳压负反馈端（②脚），通过这个负反馈环使 U804⑤脚的输出信号（开关脉冲）得到控制，从而稳定开关电源的输出电压。

2．典型影碟机解码电路的识读分析

影碟机的解码电路一般由大规模集成芯片与外围电路构成，识读该类电路图首先了解电路核心元件，即大规模集成电路的引脚功能，或找到芯片的几个关键功能引脚，最主要明确信号输入、输出和控制、工作条件的引脚。

【图解演示】

图 9-3 所示为典型影碟机的解码电路。根据识图分析可以首先找到该电路的核心元件为大规模解码芯片 U4（MT1389QE），识读电路的过程即为了解该芯片各引脚功能以及引脚与外围元器件连接关系的过程。

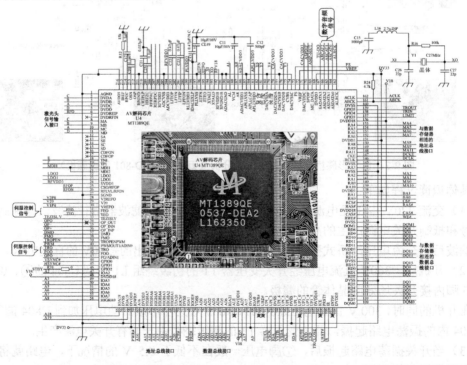

图 9-3　典型影碟机的解码电路识图分析（万利达 DVP-801 型 DVD 机）

具体识读分析过程如下：

（1）来自激光头的信号（A、B、C、D和RFO）送入解码芯片MT1389QE中，在芯片内部分别进行音频、视频数据处理和伺服信号的处理。经处理后分别由⑰脚、⑱脚、⑱脚输出解码后的亮度信号（Y）、色度信号（C）和复合视频信号（V）。

（2）由⑯脚、⑯脚、⑯脚输出数字音频信号，并送往音频D/A转换器中。

（3）由㉛脚、㉜脚、㊶脚、㊷脚输出伺服控制信号，送往伺服驱动电路。

【提示】

对上述解码电路进行识读过程中，根据核心芯片引脚功能可以快速识读信号的基本流程，信号在芯片内部的处理过程对识读整个电路也十分关键，此时需要查询芯片的内部框图，如图9-4所示，根据框图识读该解码芯片内部的信号流程。

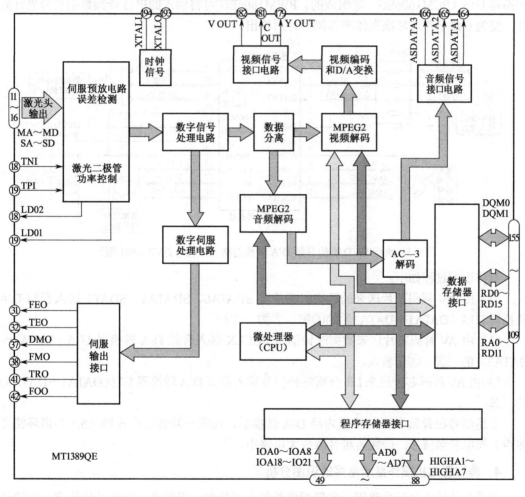

图9-4　MT1389QE的内部功能和引脚功能图

● 由激光头送来的信号首先进入伺服预放电路进行，然后送往数字信号处理电路，经数字处理后的信号分为两路：一路经数字伺服处理电路后，由伺服输出接口输出伺服驱动信号；另一路进入数据分离电路，将视频数据和音频数据进行分离，其中视频信号经MPEG2视频解码即解压缩处理，再经视频编码即PAL/NTSC制编码变成标准电视信号，该数字信号经 D/A 变换后由视频信号接口电路输出亮度信号、色度信号和复合视频信号。音频信号经 MPEG2 音频解码和 AC—3 解码后输出三路数字音频信号。

● 微处理器（CPU）输出的控制信号分别送往视频解码电路、音频解码电路、数据存储器接口和程序存储器接口等电路中。

3．典型影碟机音频 D/A 转换电路的识读分析

音频 D/A 转换电路是影碟机中的关键电路，用于将数字音频信号转换为模拟音频信号，以驱动扬声器发出声音。

【图解演示】

图 9-5 所示为典型影碟机的音频 D/A 转换电路。可以看到，该电路主要是由音频 D/A 转换器 U15（PCM1606EG）等组成的，PWM1606EG 可将输入的串行音频数据信号进行处理，变为 6 路多声道环绕立体声模拟信号后输出。

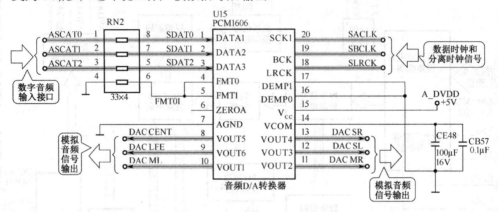

图 9-5　典型 DVD 机的音频 D/A 转换电路（万利达 DVP—801 型）

具体识图过程如下：

（1）由 AV 解码芯片送来的数字音频信号 SDATA0、SDATA1、SDAT2 送入音频 D/A 转换器 U15（DATA1～DATA3）的①脚、②脚、③脚。

（2）由 AV 解码芯片送来数据时钟信号 SBCLK 送入音频 D/A 转换器 U15（DATA1～DATA3）的⑲脚、⑳脚输入。

（3）由 AV 解码芯片送来 LR 分离时钟信号送入音频 D/A 转换器 U15（DATA1～DATA3）的⑱脚。

上述信号在音频 D/A 转换器内经 D/A 转换后，由⑧～⑬脚输出 6 路（5.1 声道环绕立体声）模拟音频信号，送往后级音频放大电路中。

4．典型影碟机操作显示电路的识图分析

影碟机的操作显示电路用于实现对整机的人工控制，根据这一电路功能特点，识读该类电路图，则首先要找到实现人工控制的部件，即操作按键，根据电路图中操作按键与外围电路的关联，理清控制过程，即完成电路识图。

【图解演示】

图 9-6 所示为典型影碟机操作显示电路板的电路。该电路的核心元件为 8 只操作按键、

按键连接的分压电阻等。

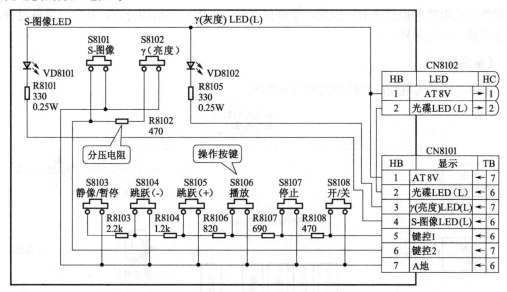

图 9-6　典型 DVD 影碟机操作显示电路

具体识读分析构成如下：

（1）操作显示电路采用电阻器阵列结构，每个按键设置在电阻器的分压点上。

（2）操作按键时，便有不同的直流电压经过插件送到微处理器中，微处理器通过对输入电压的识别，就可以判断按键的功能，根据内部程序输出指令。

例如，当按下操作按键 S8106 时，接口插件 CN8101⑤脚电压经分压电阻器 R8108、R8107、S8106 后到地，即拉低 CN8101⑤脚信号，该引脚与微处理器相关引脚连接，如此，即为将微处理器该键控引脚端信号拉低，该信号可被微处理器识别，实现相应控制。

任务模块9.2　彩色电视机电路的识读技巧

彩色电视机是指用于欣赏电视节目的一类家用视听产品。它工作的实质是将电信号转换成活动的图像画面和声音。了解和熟悉彩色电视机的电路特点是识读该类电子产品电路的基础。下面我们归纳性地对彩色电视机电路的特点及识图技巧进行介绍，在此基础上再对彩色电视机实际电路作为案例进行分析识读训练。

新知讲解9.2.1　彩色电视机电路的特点及识图技巧

1. 彩色电视机电路的特点

彩色电视机是一种应用最为广泛、较为成熟的家用视听产品。与其他家用电子产品相比，彩色电视机的产品功能比较强大，电路结构也复杂许多，因此，如果要练习识读数字平板电视机电路图，首先要对数字平板电视机的电路组成和电路关系有一定的了解。

（1）彩色电视机的电路组成

彩色电视机虽然品牌、型号繁多，电路结构也有所差异，但其主要组成部件和电路单元还是存在着一定的共性。不管彩色电视机的品牌、型号如何变化，其整体特征和主要组成部件以及电路的原理类似，因此，了解典型彩色电视机的结构特点，是学习彩色电视机识图的基本前提条件。

【图解演示】

图 9-7 所示为电视产品的结构组成示意图。

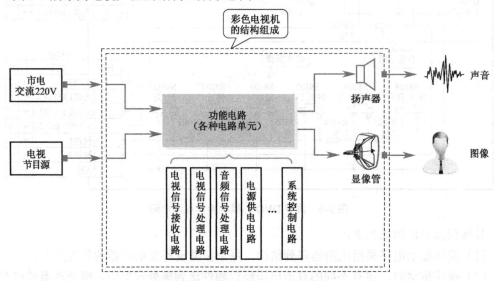

图 9-7 彩色电视机的电路结构组成示意图

功能电路是组成电视产品的主要部分，它是实现电视产品视听功能的核心单元。根据电视产品的功能特点，它最终体现的是声音的输出和图像画面的显示，因此在功能电路中主要包括处理声音和图像信号的电路单元以及相关的工作条件和控制部分，如电视信号接收电路、电视信号处理电路、音频信号处理电路、电源供电电路、系统控制电路、行场扫描电路、显像管电路等。

显像部件是电视产品中的重要组成部分，用于最终体现电视产品的图像显示功能。目前，常见的显像部件主要有显像管和液晶屏。

（2）彩色电视机的电路关系

由于彩色电视机生产技术和工艺的日益成熟，彩色电视机电路的电路结构细节和控制关系有所区别，因此，在了解了彩色电视机的电路组成后，我们还需对彩色电视机的电路关系进行深入的了解，这也是能否识读彩色电视机电路的首要前提。

【图文讲解】

图 9-8 所示为彩色电视机的电路关系。由天线或有线电视信号送入彩色电视机，经彩色电视机主电路板进行处理，向显像管电路和显像管输送 R、G、B 三基色信号以及高压和副高压；同时向位于显像管两侧的扬声器输送音频信号。扬声器发声，显像管显示电视节目。

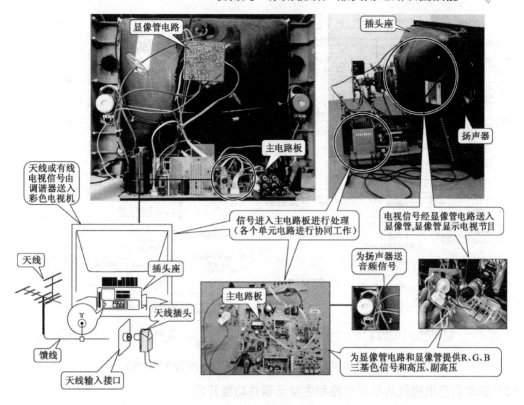

图 9-8　彩色电视机的整机控制过程

彩色电视机在工作时，由开关电源电路为各单元电路及功能部件提供工作所需的各种电压。

电视信号接收电路、电视信号处理电路、行/场扫描电路、音频信号处理电路以及显像管电路则主要完成电视信号的接收、分离、处理、转换、放大和输出。最终由显像管和扬声器配合实现电视节目的播放。

系统控制电路作为整个彩色电视机的控制核心，其主要作用就是对各个单元电路及功能部件进行控制，确保电视节目的正常播放。

2. 彩色电视机电路的识读技巧

彩色电视机电路结构复杂，整机电路结构也比较庞大，一般来说，识读彩色电视机电路图时，可从以下几个方面入手。

（1）识读彩色电视机从整机框图了解大致信号流程和电路关系

彩色电视机的整机框图是体现整机电路核心信号流程和各单元电路关系的一类电子电路图，能够从宏观上指导识图的总体思路。

【图文讲解】

图 9-9 所示为典型彩色电视机的整机电路框图，从图中标识信息很容易找到各单元电路或主要元件之间的关联以及关联部位（如集成电路引脚号），掌握这些信息，对分别识读各单元电路以及掌握整机电路核心内容十分关键。

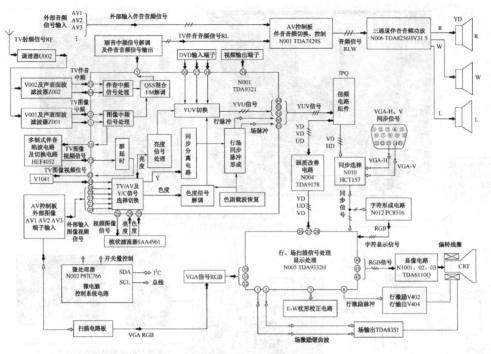

图 9-9　典型彩色电视机的整机电路框图（长虹 PF29DT18 型）

（2）识读彩色电视机从单元电路和主要元器件功能开始

彩色电视机的整机电路根据功能划分可分为多个单元电路，如电视信号接收电路、电视信号处理电路、音频信号处理电路、开关电源电路、行场扫描电路、系统控制电路、显像管电路等。每个单元电路都能够实现特定的电路功能，同样，每个单元电路都包含有一些核心的电子元件或集成芯片，识读时从每个单元电路入手，了解单元电路中主要元器件功能，完成对单元电路识读。

（3）识读彩色电视机电路围绕主要集成芯片的功能展开

在学习识读彩色电视机电路之初，无法准确划分单元电路，或没有整机方框图资料作为指导时，我们可以从集成芯片入手识读。

在彩色电视机电路图中，各集成电路旁边都标识有型号信息，可了解芯片型号后，通过查询集成电路手册，了解所查芯片的总体功能、内部结构以及各引脚的功能，由此，便很容易识别芯片及外围电路的功能，并依据引脚功能找到电路信号传输主线，完成对电路的初步识读分析。

技能训练 9.2.2　彩色电视机电路的识读分析案例

1. 典型彩色电视机电视信号接收电路的识读分析

电视信号接收电路主要是用来接收天线或有线电视信号，并将该信号进行处理后输出视频图像信号和第二伴音信号，送到电视信号处理电路和音频信号处理电路中。识读该电路的重点就是要找到这一信号的传输关系。

【图解演示】

图 9-10 所示为典型彩色电视机电视信号接收电路的识图分析。

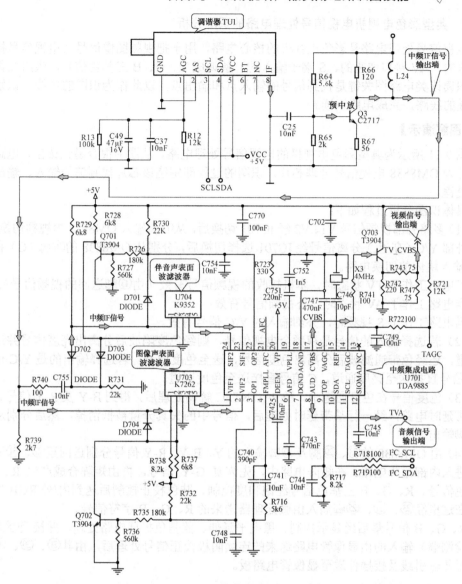

图 9-10　典型彩色电视机的电视信号接收电路的识图分析（创维 32L88IW 型彩色电视机）

具体识读分析过程：

（1）该电路主要是由调谐器 TU1、预中放 Q3、图像声表面波滤波器 U703（K7262）、伴音声表面波滤波器 U704（K9352）、中频集成电路 U701（TDA9885）及外围电路等组成的。

（2）由天线接收的射频电视信号在调谐器中进行高放、本振和混频等处理后，由⑧脚输出中频 IF 信号，加到预中放 Q3 的基极上，经放大后由集电极输出，再经图像声表面波 U703（K7262）和伴音声表面波滤波器 U704（K9352）后，分别送入中频集成电路的①脚和②脚、㉓脚和㉔脚。

（3）中频集成电路将中频信号进行视频检波和伴音解调后，分别由⑰脚输出视频图像信号，由⑧脚输出音频信号，送往后级电路中进行处理。

2. 典型彩色电视机电视信号处理电路的识图分析

电视信号处理电路是彩色电视机的核心电路，用于把视频图像信号（电视信号接收电路送来的、AV接口送来的、S端子输入的）解调成R、G、B三基色信号，供给显像管电路。识读该类电路图关键是找到信号的输入点和输出点，以此作为识图的主线，识别出信号传递的线路，完成电路识读。

【图解演示】

图9-11所示为典型彩色电视机的电视信号处理电路。从图中很容易识读出，电路的核心元件为OM8838电视信号处理芯片，识图的过程即围绕该芯片找到信号输入、输出和传递的过程。

具体识图分析过程如下：

（1）多路外部视频信号V1、V2经IC701切换后，从⑰脚输入OM8838内视频切换电路。外部Y/C（亮/色）分离信号经IC701选择切换后，分别从OM8838的⑩脚（C）和⑪脚（Y）输入块内的切换电路。

当电路工作于TV状态时，本机接收的视频信号有效（由⑬脚送回的视频信号）；

当电路工作于AV状态时，外视频信号有效；

当电路工作于S视频时，外部输入的Y/C信号有效。

（2）若选择输入的信号是视频全电视信号，则经色度陷波后分离出亮度信号并送至亮度通道，还经色带通滤波后分离出色度信号，送至色度通道；若选择输出的是Y/C信号，则Y信号直接送至亮度通道，C信号直接送至色度通道。

（3）色度信号在色度通道中，经PAL/NTSC解调处理后，得到B-Y及R-Y信号，并送至基带延时电路，经一行基带延时处理后，信号中的失真分量被抵消掉，然后分别从㉙脚和㉚脚输出。

（4）由OM8838的㉘、㉙脚及㉚脚输出的Y、B-Y、R-Y信号分别送回至㉗、㉛脚及㉜脚，进入内部矩阵电路。在矩阵电路中，先恢复G-Y信号，再由矩阵合成产生R、G、B三基色信号。R、G、B三基色信号经饱和度控制、肤色校正控制后送到内/外RGB切换电路，在这里经㉓、㉔、㉕脚插入由微处理器送来的R、G、B字符信号。

R、G、B信号最后经显示控制、黑电平延伸、蓝基色扩展电路处理，并接受⑱脚（黑电平检测端）输入的由显像管电路送来的连续阴极校正信号处理后，由其㉑、⑳、⑲脚输出，经传输引线及接插件送至显像管电路板。

3. 典型彩色电视机开关电源电路的识图分析

开关电源电路是彩色电视机的能源供给电路，用于为彩色电视机内部各单元电路和电子元器件提供所需的工作电压。识读该类电路时，主要是找到电路关键点的电压值，分析和了解电压产生或出现的原因（即分析线路），即可完成电路识图分析。

【图解演示】

图9-12所示为典型彩色电视机的开关电源电路。识图时，首先根据电路图中的标识信息了解电路组成、最终输出电压数值以及电路关系等。

具体识读分析过程如下：

（1）交流220V电压经输入插件P802、S802送入彩色电视机的开关电源电路中，经电源开关SW801、熔断器F801后，由滤波电容器C801、C802滤波，互感滤波器T801清除干扰脉冲后，经输入插件P803、S803送入后级的桥式整流堆D801中，由桥式整流堆D801整流后输出脉动直流电压，经热敏电阻R802后，再经滤波电容C805、C806进行滤波，形成+300V左右的直流电压。

（2）交流输入及整流滤波电路部分整流输出的 300V 直流电压经开关变压器 T803 初级绕组⑨～⑦脚加到开关振荡集成电路 IC801 的①脚。同时，交流输入的一端经 D802、R803、R804 等元件形成启动电压加到 IC801 的⑨脚，使 IC801 内的振荡电路起振，开关变压器 T803 的初级绕组⑨～⑦中开始有开关电流。

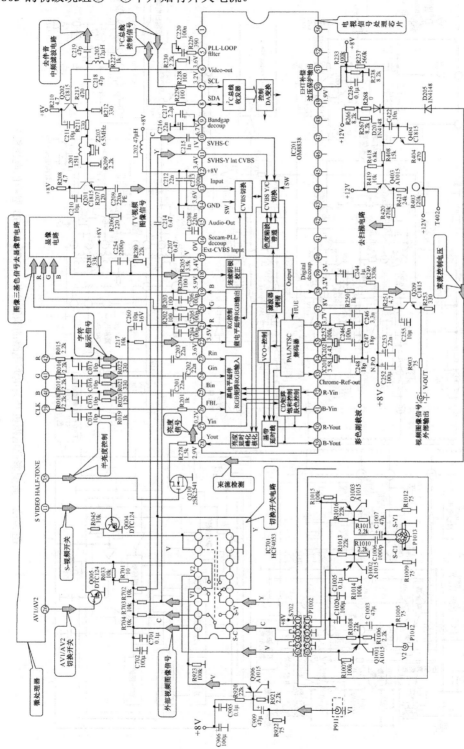

图 9-11 典型彩色电视机的视频信号处理电路的识图分析（TCL-2516B 型彩色电视机）

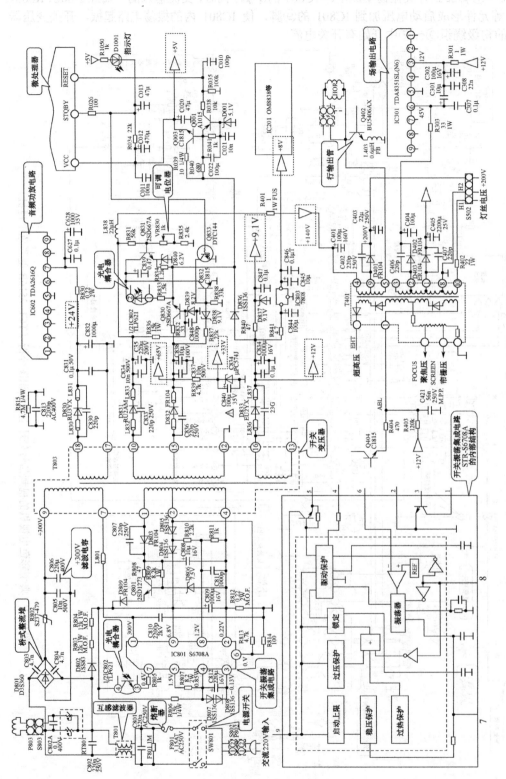

图 9-12　典型彩色电视机开关电源电路的识图分析（TCL 2516B 型彩色电视机）

T803 的次级绕组①~②~④会感应出开关信号，①、②脚的输出经整流滤波和稳压电路形成正反馈信号叠加到 IC801 的⑨脚，保持⑨脚有足够的直流电压维持 IC801 中的振荡，使开关电路进入稳定的振荡状态。

（3）开关电源起振后，经开关变压器 T803 各次级绕组分别输出开关脉冲信号，分别经整流二极管和滤波电容整流滤波后，输出+140V、+24V、+9V、+5V、+8V 等电压。

4. 典型彩色电视机行场扫描电路的识图分析

行、场扫描电路的作用是产生行扫描锯齿波电流和场扫描锯齿波电流，使电子束进行水平和垂直方向的扫描运动，形成矩形光栅，从而使显像管的电子枪在偏转磁场的作用下进行从左至右和从上至下的扫描运动，形成一幅一幅的电视图像。

【图解演示】

图 9-13 所示为典型彩色电视机的行场扫描电路。识图时，首先根据电路图中的标识信息找到电路中核心元件如行输出晶体管、行激励晶体管、行激励变压器、行输出变压器、场输出集成电路等，围绕核心元件展开识图。

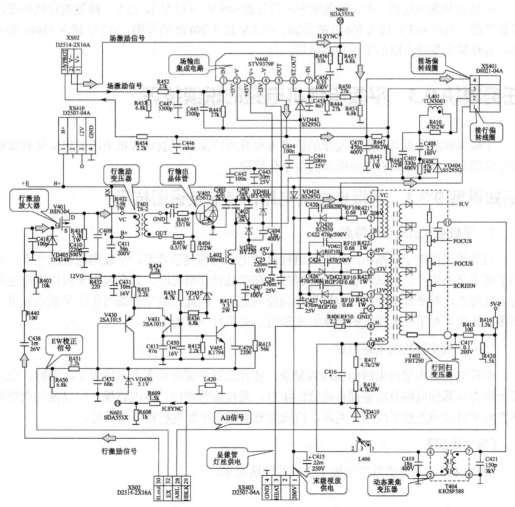

图 9-13　典型彩色电视机的行场扫描电路（康佳 P29FG188 高清型）

具体识图分析过程如下：

（1）行扫描电路的信号处理过程。

● 彩色电视机处于正常的工作状态时，由插件 XS02 ㉚脚（H.OUT）送来的行激励信号首先送到行激励放大器 V401 的基极，经 V401 放大后再经行激励变压器 T401 为行输出晶体管 V402 的基极提供行激励信号，行激励信号经 V402 放大后为行偏转线圈和行回扫变压器 T402 提供驱动脉冲（幅度为 1000 V 以上）。

● 由行回扫变压器 T402 输出的灯丝电压、阳极高压、聚焦极和加速极电压等加到彩色电视机的显像管上，此外，T402 还输出显像管电路和场扫描电路的供电电压。

● 由开关电源电路送来的+B 电压（140 V）经 T402 的初级绕组（③～①脚）为 V402 的集电极提供直流偏压。

（2）场扫描电路的信号处理过程。

● 由插件 XS02 ①脚送来场激励信号 V+经电阻器 R452 后送入 N440 的①脚，由 XS02 ②脚送来的场激励信号 V-经电阻器 R450 后送到场输出集成电路 N440 的⑦脚，经 N440 放大后，由⑤脚输出场锯齿波扫描脉冲，加到场偏转线圈。

● 场输出集成电路 N440 的供电电压有三组+45 V、+13 V 和-13 V，都是由行回扫变压器提供的，其中+45 V 送入 N440 的③脚，+13 V 送入 N440 的②脚，-13 V 送入 N440 的④脚，为场输出集成电路的工作提供电压。

任务模块 9.3　平板电视机电路的识读技巧

平板电视机是近几年发展起来的新型家用视听产品，平板电视机电路的集成化和智能化程度很高，且电路具有非常明显的数字化特征。

新知讲解 9.3.1　平板电视机电路的特点及识图技巧

1．平板电视机的电路特点

与其他家用电子产品相比，平板电视机的电路结构复杂许多，平板电视机的生产厂商为了便于产品生产、调试和售后维修服务，在产品设计研究时，就会根据平板电视机电路的功能特点，对平板电视机的电路进行功能的划分，因此，如果要练习识读平板电视机电路图，首先要对平板电视机的电路组成和电路关系有一定的了解。

（1）平板电视机的电路组成

平板电视机内部的电路结构较为复杂，各种元器件密布在各个电路板上，同时，电路板上设有与其他电路及功能部件连接的接口，通过这些接口，各电路板之间以及与功能部件之间便可采用连接引线相互关联，构成完整的数字平板电视机电路系统。

【图文讲解】

图 9-14 所示为典型数字平板电视机的电路组成。

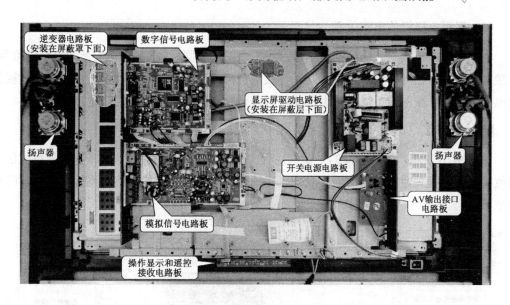

图9-14　典型数字平板电视机（长虹 LT3788 型液晶电视机）的电路组成

通常，平板电视机的电路主要是由一体化调谐器、数字信号处理电路板、开关电源电路板、逆变器电路板、显示屏驱动电路板组成，每块电路板都有独立的功能特性，它们与扬声器、显示屏等功能部件相互配合，最终实现电视节目的正常播放。

【图文讲解】

图9-15 所示为平板电视机的电路功能。

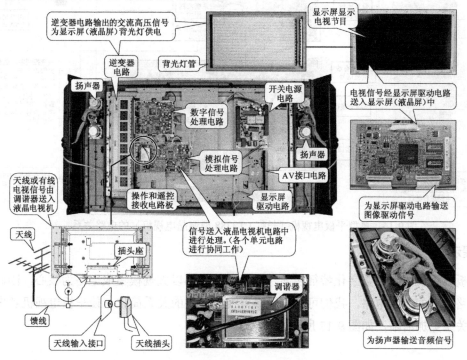

图9-15　平板电视机的电路功能

（2）平板电视机的电路关系

由于平板电视机生产厂商的技术特点和生产工艺不同，平板电视机内部的电路板数量、连接关系都不尽相同，因此，在了解了平板电视机的电路组成后，我们还需对平板电视机的电路关系进行深入的了解，这也是能否识读平板电视机电路的首要前提。

【图文讲解】

如图 9-16 所示，虽然不同的平板电视机内部电路组成各具特色，但平板电视机的信号接收、处理过程大致相同，这就为我们正确地理解平板电视机的电路关系提供了科学的参考依据。

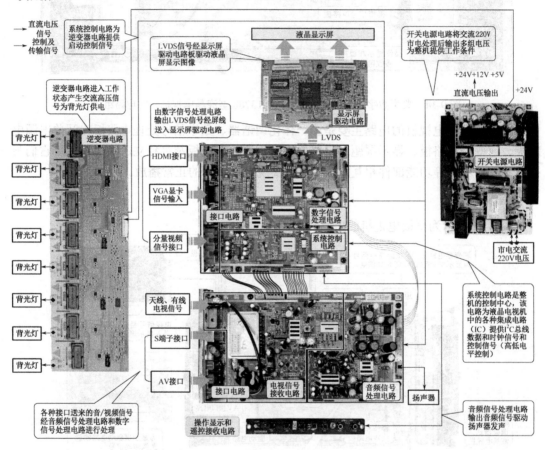

图 9-16　典型平板电视机（长虹 LT3788 型液晶电视机）的电路关系

【提示】

平板电视机的电路数字化特征明显，各主要部件都以大规模集成电路为核心，因此，通过电路板上的集成电路，我们可以将平板电视机电路的关系简化，使平板电视机各电路之间的关系更加清晰，如图 9-17 所示。

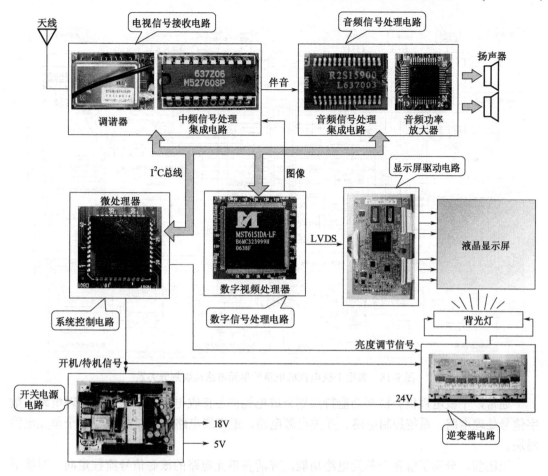

图 9-17　平板电视机的电路控制关系

2. 平板电视机电路的识图技巧

结合我们对平板电视机电路特点的认知，对平板电视机电路进行识图一般从两个方面入手。

（1）识读平板电视机电路从划分单元电路模块开始

平板电视机的品牌众多，不同品牌、不同型号的平板电视机电路结构存在很大的差异，如果单从平板电视机电路结构和关系入手去识读平板电视机电路图，势必非常困难。

因此，通常的做法是在建立了平板电视机电路关系后，根据平板电视机的电路框图，对平板电视机的电路进行单元电路模块的划分，将单元电路模块整机电路按功能特点划分成若干个单元电路模块，然后再对各个单元电路模块进行识读分析。

【图文讲解】

一般来说，对平板电视机电路进行单元电路模块划分时，要以信号流程为主线，以集成电路为核心，实现功能上的合理划分，图 9-18 所示为典型数字平板电视机电路的单元电路模块划分关系。

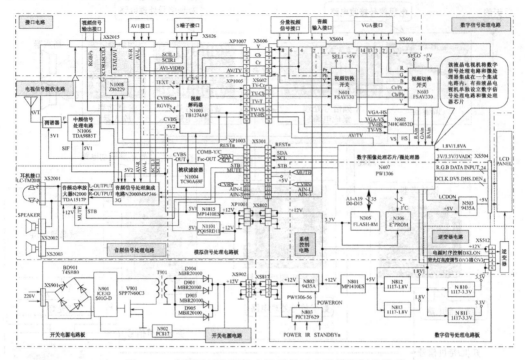

图 9-18　典型平板电视机电路的单元电路模块划分关系

通常，平板电视机会根据功能特点划分成电视信号接收电路、音频信号处理电路、数字信号处理电路、系统控制电路、开关电源电路、逆变器电路、接口电路等 7 个单元电路模块。

识图前，分别了解各个单元电路功能，弄清各单元电路的核心信号流程走向，对接下来识图很有帮助。

（2）识读平板电视机电路以识读各单元电路为核心

平板电视机的单元电路模块划分完成便可对各单元电路模块的电原理图进行识读分析，通常，在对单元电路模块电路原理图进行分析时，可结合平板电视机的产品功能和原理，从音频信号处理流程、视频信号处理流程、控制信号处理过程、供电系统工作过程四个方面展开。

弄清上述四个方面的信号流程，可对各种单元电路模块的基本信号处理过程有一个大致了解，在此基础上识读具体的单元模块电路原理图便容易多了。

技能训练 9.3.2　平板电视机电路的识读分析案例

1. 典型平板电视机音频信号处理电路的识读分析

平板电视的音频电路通常是由音频信号处理电路及音频功放电路两部分组成的。在对该电路进行识别时，读者首先根据图纸查找到左（L）、右（R）声道音频输入信号，再顺信号线路图找到相关处理芯片，该芯片一般即为音频信号处理芯片。接着，继续找到音频信号处理芯片的左（L）、右（R）声道音频输出信号端，通常 L、R 信号经音频信号处理芯片处理后输出到伴音功放电路中。

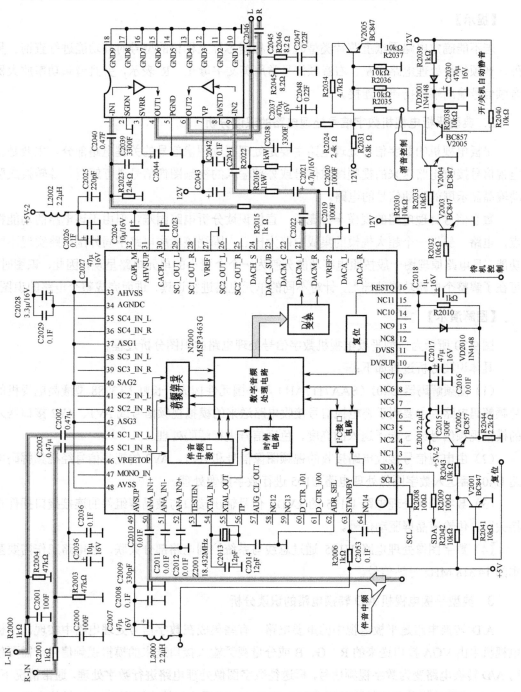

【图解演示】

图 9-19 所示为典型平板电视机的音频信号处理电路的识图方法。

图 9-19　典型平板电视机的音频信号处理电路的识图方法（康佳 LC-2018 液晶电视机）

具体识读分析过程如下：

（1）根据识读方法，应首先找到左、右声道音频输入信号。在该电路中，来自中频通道的伴音频中频信号送到音频信号处理集成电路 N2000 的㊿脚。

（2）除本机接收的音频信号外,液晶电视机还可通过 AV 接口向 N2000 输入外部音频信号。

（3）经音频信号处理后的左、右声道音频通常被送往音频功放电路,进行放大处理。

【提示】

若不能确定电路图纸上芯片类型时,可根据芯片上标记的型号对其功能进行查询。另外,音频信号处理电路中左、右音频信号常用英文字母 L、R 表示,并且音频功率放大器音频信号输出端与扬声器连接。

2. 典型平板电视机数字信号处理电路的识读分析

平板电视机的数字信号处理电路主要是处理视频图像信号的关键电路部分,主要是将电视信号接收电路送来的视频图像信号或外部输入的视频图像信号进行解码,并转换成驱动液晶显示屏的驱动信号的电路。

数字信号处理电路的规模十分庞大,直接识读分析电路困难,但由于该电路的功能特点,电路一般以一个超大规模的集成电路为核心,围绕该集成电路不同外围电路实现不同功能,且电路原理图一般按照电路功能分割为一个个更小的单元电路呈现,因此,识图时,可在了解整个电路功能基础上,针对不同的单元电路进行识读,进而完成整个电路的识图。

【图解演示】

图 9-20 所示为典型平板电视机数字信号处理电路的识图分析过程。

具体识图分析过程如下:

（1）视频解码器 U401（SAA7117AH）与外围元件构成了长虹 LT3788 型液晶电视机的视频解码电路,主要用于将电视信号接收电路送来的模拟视频信号或 AV1、AV2 接口送入的模拟视频信号或 S 端子送入的亮度、色度信号进行解码处理。

（2）由电视信号接收电路接收的视频图像信号和 AV1、AV2 的视频信号经视频解码电路 U401 后送入数字图像处理电路 U105 进行数字图像处理。

（3）数字图像处理电路 U105 的 LVDS 信号输出接口与液晶屏组件的连接接口插件直接关联,传输液晶屏驱动信号。

（4）数字图像处理电路 U105 通过总线与系统控制电路部分关联,且电路工作需要基本的 14.318 MHz 时钟信号。

3. 典型平板电视机 A/D 转换电路的识读分析

A/D 转换电路是平板电视中的重要电路,有些集成在数字信号处理电路中实现。平板电视机中由 VGA 接口送来的 R、G、B 或分量视频输入接口送来的模拟视频信号,需要使用 A/D 转换电路变为数字视频信号,再送往数字图像处理电路进行数字处理。通常情况下,由 VGA 接送输出的信号被直接送入该电路中,可根据这一特点识别出 A/D 转换电路,并通过其信号输入/输出所产生的变化,完成识读过程。

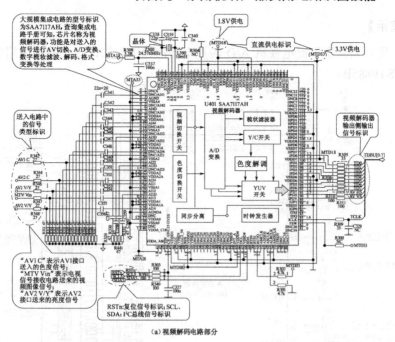

(a) 视频解码电路部分

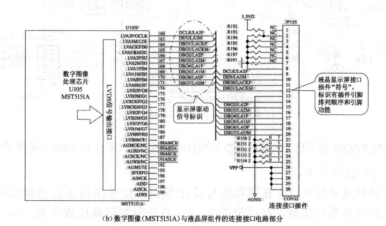

(b) 数字图像 (MST5151A) 与液晶屏组件的连接接口电路部分

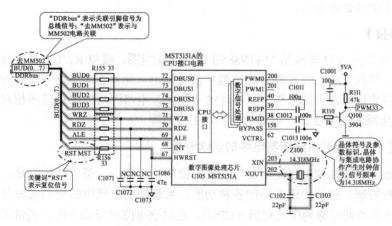

(c) 数字图像处理芯片 (MST5151A) 的CPU接口电路部分

图 9-20　典型平板电视机的数字信号处理电路的识图分析过程（长虹 LT3788 型液晶电视机）

189

【图解演示】

图 9-21 所示为典型平板电视机 A/D 转换电路的识图方法,该电路中采用的 A/D 转换器型号为 MST9885B。

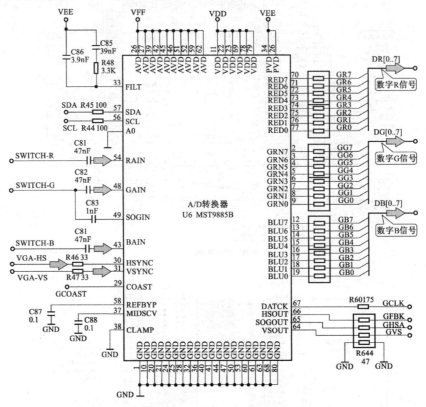

图 9-21　长虹 PT4206 型等离子电视机 A/D 转换器的识图方法(长虹 PT4206 型等离子电视机)

具体识读分析过程如下:

(1)VGA 接口送来的 R、G、B 模拟信号及行/场同步信号作为 A/D 转换器的输入信号。

(2)经 A/D 转换器处理后,其模拟的 R、G、B 信号被转换成数字 R、G、B 视频信号输出送往数字信号处理电路。

【资料链接】

图 9-22 所示为 A/D 转换器 MST9885B 的内部功能图,模拟 R、G、B 信号在芯片中经钳位和放大,然后变成三组 8 路并行的数字信号输出,此外在该电路中还进行同步处理用以产生各种同步信号。识图时将主要芯片的实物图、电路图与内部功能图相对照,从而搞清 A/D 转换电路的安装位置、电路功能以及工作原理。

4. 典型平板电视机系统控制电路的识读分析

平板电视机系统控制电路是液晶电视机的控制核心部分,整机动作都是由该电路输出控制指令进行控制,进而实现产品的各种功能。系统控制电路中的核心部分是一只大规模集成电路,该电路通常称为微处理器(CPU)。在对该电路进行识别时,通常可根据其外围器件进行判定,一般情况下,该电路外围都设置有晶体、存储器等特征元器件,可作为确认微处理器位置的重要依据。

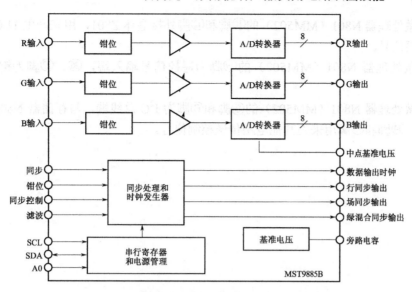

图 9-22　A/D 转换器 MST9885B 的内部功能图

【图解演示】

图 9-23 所示为典型平板电视机系统控制电路的识图分析过程。

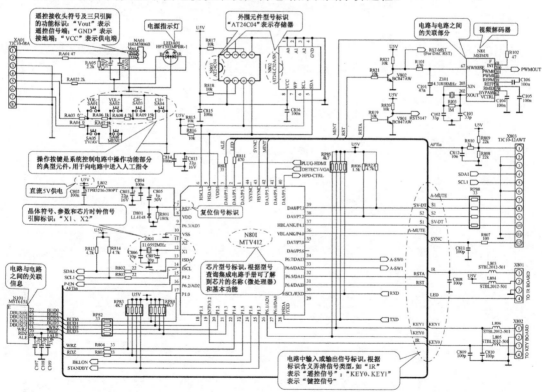

图 9-23　典型平板电视机中系统控制电路的识图分析过程（厦华 LC-32U25 型液晶电视机）

具体识读分析过程如下：

（1）微处理器 N801（MM502）的⑧脚，存储器 N802 和 N803 的⑧脚为 5 V 供电电压端。

（2）微处理器 N801（MM502）的⑪脚和⑫脚外接晶体 Z801，用来产生 11.0592 MHz 的时钟晶振信号。

（3）微处理器 N801（MM502）的⑲脚为遥控信号输入端，㉖、㉗脚为键控信号输入端。

（4）微处理器 N801（MM502）的⑤脚和⑥脚为 I²C 总线端，与存储器 N802 和 N803 进行连接，⑭脚和⑮脚用来为其他电路传送控制信号。